代数曲線の幾何学

難 波　誠 著

現代数学社

はじめに

この本は，雑誌 BASIC 数学に，1988年５月号から1989年４月号まで，「連載講義-代数曲線の話」として連載した記事をまとめ（同誌1984年６，７月号の「代数曲線の射影幾何」の記事も加味しつつ）若干の加筆訂正をし，巻末に補足説明を加えたものであります．東北大学，大阪大学の，教養部学生及び学部学生への講義をもとに，講義調で解説します．

なお，お世話になりました現代数学社編集部の富田栄氏に感謝します．

改訂新版について

この改訂新版の刊行に祭し，旧版を詳細に調べて多くのミスを訂正しました．しかし文章そのものは旧版の雰囲気を保存したいと思い，訂正しませんでした．

なお，ミスではないのですが，射影変換の式の書き方が旧版ではわかりにくかったので，改訂新版では斉次座標の書き方を換えることにより，すっきりとわかりやすくしました．

お世話になりました現代数学社の富田淳氏と編集部の皆さんに感謝致します．

難波　誠

目　　次

序　　　文

代数曲線とは，ひとくちで言えば，二変数多項式 $f(x,y)$ の零点集合 $f(x,y)=0$ の事である．例えば，円 $x^2+y^2-1=0$（図０－１），楕円 $x^2+4y^2-1=0$（図０－２），曲線 $y^2-x^2(x+1)=0$（図０－３）等が代数曲線である．

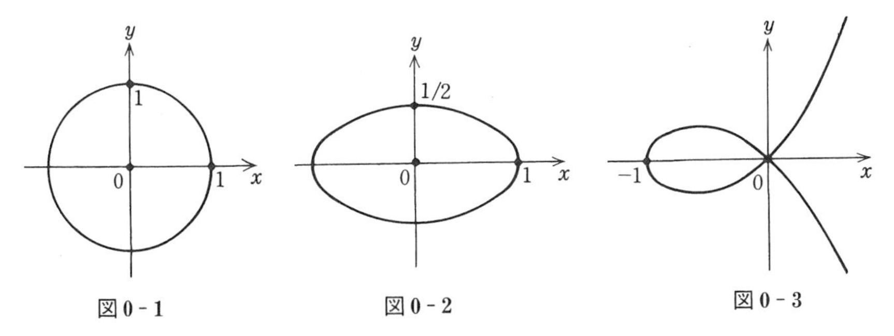

図０－１　　図０－２　　図０－３

代数曲線の織りなす様々な美しい図形は，人々の感性に訴え，深い感動を与えてきた．同時にそれらは，理性にも訴え，何故，こうなっているのか，との探究にも駆りたてた．こうして，代数曲線の「外在的幾何」が，長い年月をかけて，じっくりと醸成された．

しかるに，19世紀における複素数の導入によって，代数曲線の研究も，数学の他の分野と同様に，新しい局面をむかえた．多項式を複素変数と考えると，代数曲線は，虚方向にふくらみを持ち，「曲面」と考えられる．この「曲面」を調べる事が「内在的幾何」なのである．「外在的幾何」より，深く，本質的と考えられる．

「内在的幾何」は，母である「外在的幾何」より生まれ，大きく成長し，現今，代数曲線論の一般次元化である，代数多様体論（代数幾何学）における主流となり，生みの親の方は，かすんでしまった．

しかし，幾何学が人間の直感に訴えなくなったら，危険である．この事は，あまりにも技術的に高度に発達した「内在的幾何」に，時々，みうけられる．

私は，この傾向を憂慮すると共に，「外在的幾何」の，新たなる復権を願うものである．

本書は，このような考えを背景として書かれた．本書においては，「外在的幾何」の解説に，「内在的幾何」のそれと，同等の比重が与えられている．

本書の前半では，多くの図形を用いて「外在的幾何」を解説した．ただし，「外在的幾何」を論ずるにしても，複素変数にすると，議論が非常に明快になるので，記述の都合上，そのようにしたが，初めてこの方面を学ぶ読者は，あまり，複素変数とか論理とかを気にせず，図形を楽しんでほしい．それが，一番大切な事である．

後半は，「内在的幾何」がテーマである．ここでは，テーマが，代数学，位相幾何学，複素関数論と，深く，からみ合う．かくして，代数曲線論においては，代数学，幾何学，解析学が絡み合い，融け合って，ひとつの統一世界を作っている．現代数学は，あまりにも細分化され専門的になりすぎたと指摘されて久しい．しかるに近年，諸分野の統合，再編成の動きが出てきた．さらに超弦理論等，物理学との新たなる結合も生まれつつある．この気運は，大いに喜ぶべき事である．代数曲線論は，20世紀初めに，ほぼ完成した理論であるが，今日の我々に，諸分野の融合がいかに大切かを教えてくれる最も適切な例と言える．

代数学や幾何学は，極言すれば，有限世界の数学であり，解析学は，無限世界の数学である．有限と無限のはざまに，最も美しい数学が存在すると私は信ずる．

本書により読者が，この世界の神秘と先人の叡知に感動をおぼえるならば，それは私の，この上ない喜びである．

1．複素平面と複素球面

§1．複素平面

複素数 $z=x+yi$ 　$(i=\sqrt{-1})$ に，平面上の点 (x, y) を対応させる．この対応によって，複素数 z と点 $(x,\ y)$ を同一視する．かくして，複素数全体の集合 $\boldsymbol{C}$ と平面とを同一視し，この平面を**ガウス平面**(又は**複素数平面**)と言う．(図1－1)

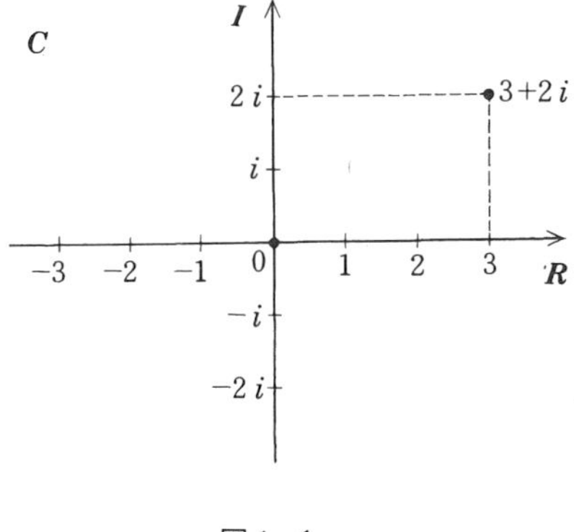

図1－1

横軸を**実軸**，縦軸を**虚軸**と言う．実軸は中学で習った数直線に他ならない．虚軸上に純虚数が並んでいる．

この一見，便宜的表示法が，実は非常に合理的なものである事が，以下のようにわかる．

まず，複素数の加法は，$z_1=x_1+y_1i$，$z_2=x_2+y_2i$ に対し

$$z_1+z_2=(x_1+x_2)+(y_1+y_2)i$$

であるから，z_1+z_2 は，z_1 (又は z_2)を位置ベクトル (x_1, y_1)(又は (x_2, y_2))とみなした時のベクトルの和とみなされる．(図1－2)

次に，複素数の乗法については，次のように考える．すなわち，複素数 $z=x+yi$ に対して

$$r=\sqrt{x^2+y^2},\quad \theta=\tan^{-1}(y/x) \qquad (\tan \text{ の逆関数})$$

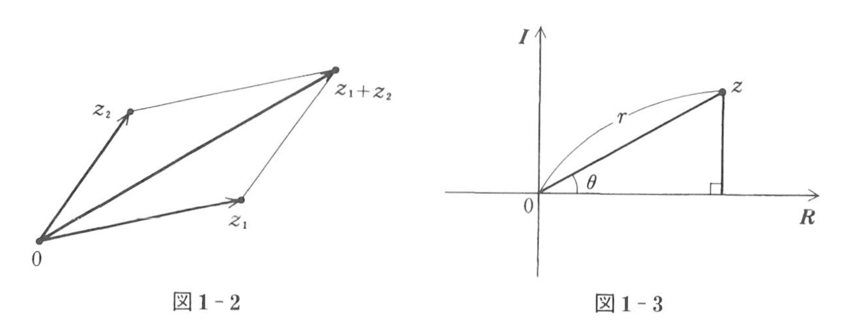

図1-2　　　図1-3

とおくと，$x=r\cos\theta$，$y=r\sin\theta$ となり

$$z=r(\cos\theta+i\sin\theta)$$

とかける．（図1-3）

これを，複素数 z の**極表示**と言い，r を z の**絶対値**，θ を z の**偏角**と言う．極表示は z がゼロでないかぎり唯ひととおりである．

$$r=|z|,\quad \theta=\arg(z)$$

とかく．この時，三角関数の加法定理により，

命題1.1　(1)　$|z_1z_2|=|z_1||z_2|$，

(2)　$\arg(z_1z_2)=\arg(z_1)+\arg(z_2)$，

(3)　$z^n=|z|^n(\cos n\theta+i\sin n\theta)$，ここに $\theta=\arg(z)$．

（**ドモアブルの公式**）．

が得られる．

問1．この命題を証明せよ．

命題1.1の(1)，(2)は，図1-4において，ふたつの三角形が相似である事を示している．

読者が中学生の頃，負数と負数をかけると，なぜ正数になるのか，疑問に思わなかっただろうか．命題1.1の(2)は，$180°+180°=360°$ として，これに答えている．（ただし，これは証明ではない．分配法則を用い

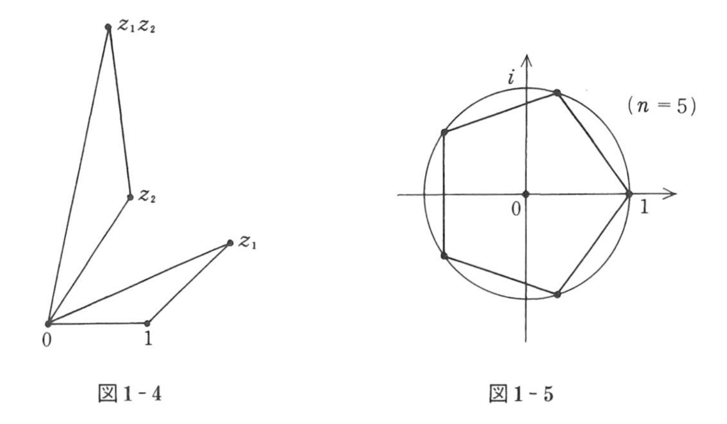

図1-4　　図1-5

て証明出来る．）

命題１．１の(3)（ドモアブルの公式）によって，方程式

$$x^n-1=0$$

の n 個の根が，

$$x=\cos\frac{2\pi k}{n}+i\sin\frac{2\pi k}{n}\qquad(k=0,1,\cdots,n-1)$$

で与えられ，それらは，0を中心とする半径１の円（**単位円**と呼ばれる）上にあり，正 n 角形の n 個の頂点をなしている．（図１-５）

この解釈を用いる事により，当時（1796年）19歳の青年ガウスは，正17角形が定規とコンパスで作図出来る事を発見した．正３角形，正４角形，正５角形，正15角形及びこれらを倍々した正 n 角形しか作図出来ないものと，ギリシャ以来信じられていたものを打ち破ったのである．（例えば，高木［15］参照．）

ガウスはさらに，

定理１．２（代数学の基本定理）　複素係数の n 次代数方程式は，（重複度をこめて）ちょうど n 個の複素数を根に持つ．

を証明した．（ガウスは，史上最も偉大な数学者と言われている．）

人類における数の概念の歴史をみると，主として方程式を解こうとするたびに数の世界が拡がっている．この定理によれば，複素数こそ一番大きな数の世界と言える．事実，これ以上無理に，数の世界を拡げようとすると，我々のなじんでいる法則（例えば交換法則等）のどれかがこわれてしまう．（この事実，及び定理１．２の証明については，例えば，高木［16］参照．）

複素数の導入によって，数学の多くの分野に，深い調和がもたらされた．複素数こそ，真の実在なのである．

§2．等角写像

複素平面 $\boldsymbol{C}$ からそれ自身への，いろいろな写像を考えよう．まず，$\alpha=a+bi$ を固定された0でない複素数として，写像

$$f: z \longmapsto w=\alpha z$$

を考える．これは $z=x+yi$ と書けば

$$w=(a+bi)(x+yi)=(ax-by)+i(bx+ay)$$

であるから，zと位置ベクトル (x, y) を同一視すると，f は線形写像

$$\begin{pmatrix} x \\ y \end{pmatrix} \longmapsto \begin{pmatrix} a & -b \\ b & a \end{pmatrix}\begin{pmatrix} x \\ y \end{pmatrix}$$

と同一視される．命題１．１によって，この線形写像は，ベクトル (x, y) を $|\alpha|$ 倍した後，$\arg(\alpha)$- 角，原点中心に回転する（順序を逆にしてもよい．）写像である．（図１－６）

次に，$\alpha(\neq 0)$ と β を固定された複素数とし，写像

$$f: z \longmapsto w=\alpha z+\beta$$

を考える．これは上述の写像 $z \longmapsto w=\alpha z$ をほどこした後，平行移動 $z \longmapsto w=z+\beta$ をほどこせばよい．すなわち，これら二写

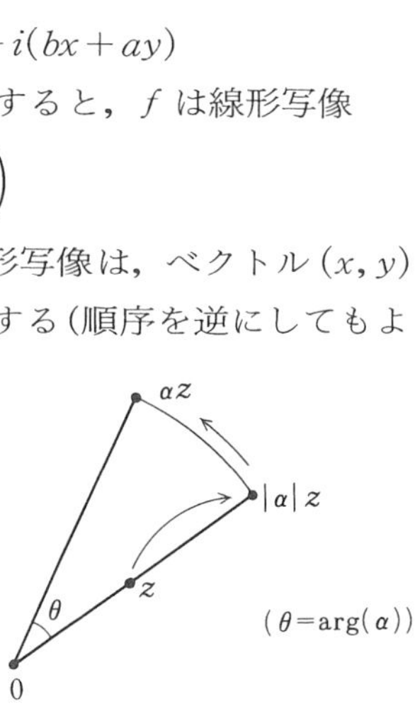

αz
$|\alpha| z$
z
θ
0
$(\theta=\arg(\alpha))$

図１－６

像の合成写像である．

この写像は，（$\beta \neq 0$ の時は線形写像でないが）1対1で連続，逆も連続（**双連続**と言う）である．さらに，**等角**である．すなわち，一点 z から出発する二曲線弧の接線の間の角を，**二曲線弧間の角**と名づけると，像曲線弧間の角が，**向きもこめて**，元の二曲線弧間の角に等しい．（図1－7）

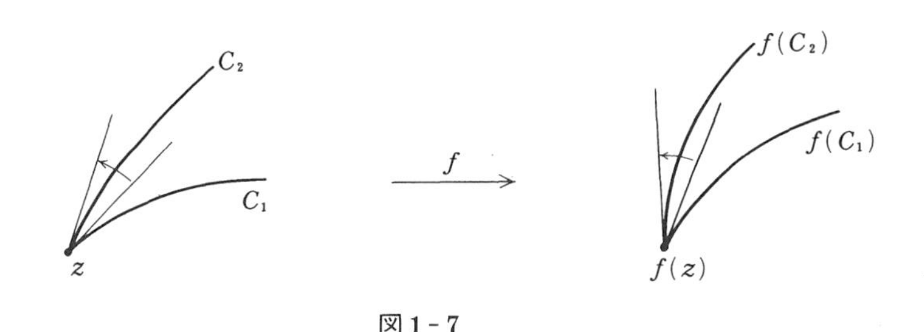

図1－7

問2．この写像の等角性を確かめよ．

一般に，1対1双連続で等角な写像を，**等角写像**と言う．

問3．写像 $z=x+yi \longmapsto \bar{z}=x-yi$ は実軸に関する折り返しである．これは角は保つが，向きが逆向きになっている1対1双連続写像である．（等角写像とは言わない．）この事を確かめよ．

次に，写像

$$f: z \longmapsto w=\frac{1}{z}$$

を考えよう．ただし，この写像は複素平面 $\boldsymbol{C}$ 全体では定義されておらず，$\boldsymbol{C}$ から0を除いた集合 $\boldsymbol{C}-\{0\}$ で定義された写像である．（像集合も $\boldsymbol{C}-\{0\}$ である．）$z=x+yi$ と書くと

$$\frac{1}{z}=\frac{x}{x^2+y^2}+\frac{-y}{x^2+y^2}i$$

となり，一見複雑そうだが，極表示して $z=r(\cos\theta+i\sin\theta)$ と書くと，

$$\frac{1}{z}=\frac{1}{r}(\cos(-\theta)+i\sin(-\theta))$$

となる．すなわち，写像 f は，まず z を線分 $\overline{0z}$ 上，絶対値が $1/|z|$ なる点に写し（これを，**単位円に関する反転**と言う．），次にその点を実軸に関して，折り返したものである．（図1-8）

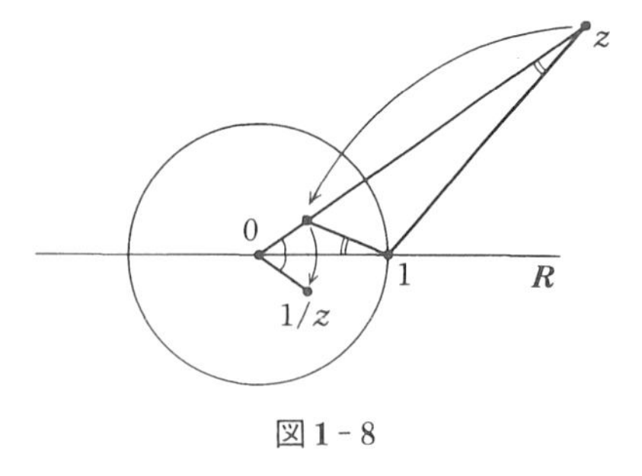

図1-8

写像 $f: z \longmapsto 1/z$ は等角写像である．その理由は，反転が，角は保つが向きが逆向きになっている1対1双連続写像だからである．

問4．この事を示せ．

この写像 $f: z \longmapsto w=1/z$ の様子をみるために，我々は便宜上，複素平面 $\boldsymbol{C}$ のコピイをひとつ考え，もとの $\boldsymbol{C}$ を **z-平面**，後の $\boldsymbol{C}$ を **w-平面**と呼び，f を z-平面（から0をのぞいた集合）から w-平面（から0をのぞいた集合）への写像と考える．$w=u+vi$ とおくと

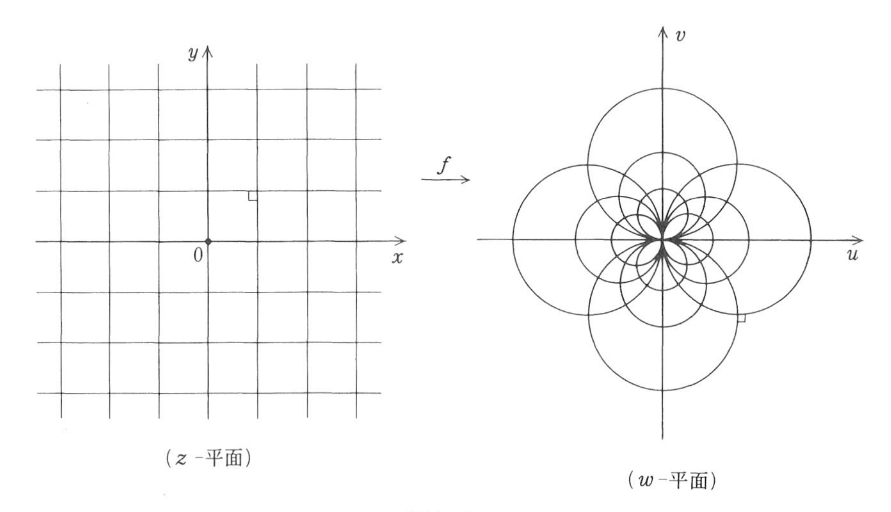

図1-9

$$u=\frac{x}{x^2+y^2},\quad v=\frac{-y}{x^2+y^2}$$

となっている．そこで，$x=$ 一定，$y=$ 一定の等高線の f による像を考えると，それらは0をとおる互いに直交する円（から0をのぞいたもの）になっている．（図1-9）

一般に，α，β，γ，δ を $\alpha\delta-\beta\gamma\neq 0$ なる固定された複素数として，写像

$$f: z \longmapsto w=\frac{\alpha z+\beta}{\gamma z+\delta}$$

を考えよう．この写像を，**一次分数変換**と言う．$\gamma=0$ ならば($\delta\neq 0$ となり) $w=(\alpha/\delta)z+(\beta/\delta)$ となって，これはすでに考察した写像である．$\gamma\neq 0$ とすると，f は$z=-\delta/\gamma$ をのぞいた $\boldsymbol{C}-\{-\delta/\gamma\}$ で定義されている．今，式を変形して

$$w=\frac{\alpha z+\beta}{\gamma z+\delta}=\frac{\varepsilon}{z+(\delta/\gamma)}+\frac{\alpha}{\gamma}$$

(ただし，$\varepsilon=(\beta\gamma-\alpha\delta)/\gamma^2$) と書いてみると，写像 f は，今までとりあつかった写像の合成である事がわかる．(像集合は $\boldsymbol{C}-\{\alpha/\gamma\}$ である．)従って

命題1．3　一次分数変換は等角写像である．

§3．複素球面

上に出てきた写像

$$f: z \longmapsto w=\frac{1}{z}$$

に再び注目しよう．今，点 z が複素平面上を動いて，絶対値 $|z|$ が限りなく大きくなって行くとする．この時，$|w|=1/|z|$ は限りなく小さくなるので，点 w は，限りなく0に近づいて行く．（図1-10）

今度は逆に，zが限りなく0に近づいて行くと，$|w|$ が限りなく大きくなる．

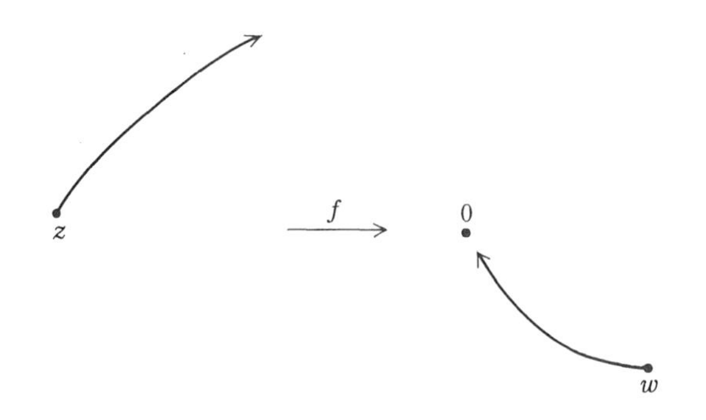

図 1-10

今，集合 $\boldsymbol{C}$ に，新しい 1 点∞を想定してつけ加え，新しい集合

$$\hat{\boldsymbol{C}}=\boldsymbol{C}\cup\{\infty\}$$

を考える．∞を**無限遠点**と呼ぶ．z が $\boldsymbol{C}$ 上を動いて $|z|$ が限りなく大きくなる時，zが**無限遠点**∞**に，限りなく近づく**，と定義する．

写像 f は，$\boldsymbol{C}-\{0\}$ から $\boldsymbol{C}-\{0\}$ への写像であった．今，

$$f(0)=\infty,\quad f(\infty)=0$$

と，定義をつけ加えると，いま述べた事から，f は $\hat{\boldsymbol{C}}$ から $\hat{\boldsymbol{C}}$ への，1 対 1 双連続写像となる．

同様に，一般の一次分数変換

$$f:z\longmapsto w=\frac{\alpha z+\beta}{\gamma z+\delta}$$

に対し，

$$f(-\delta/\gamma)=\infty,\quad f(\infty)=\alpha/\gamma \qquad (\gamma=0\ \text{の時は}\ f(\infty)=\infty)$$

と，定義をつけ加えると，f は $\hat{\boldsymbol{C}}$ から $\hat{\boldsymbol{C}}$ への，1 対 1 双連続写像となる．

読者は，微積分にあらわれる $+\infty$と $-\infty$とが，今の場合，同一点∞になる事に不信と不快を抱くかも知れない．微積分では，数直線 $\boldsymbol{R}$ 上での点の動きが問題となり，正(負)の方向から∞に近づく状況を $+\infty$ $(-\infty)$ として，区別したのである．$\boldsymbol{C}$ 上では，複素数間に大小関係がなく，∞への近づき方も，いろいろある．

新しい集合 $\hat{\boldsymbol{C}}=\boldsymbol{C}\cup\{\infty\}$ が実際，我々の眼に見える存在であると説明してくれたのが，19世紀の偉大な数学者リーマンである．（リーマンは，ゲッチンゲン大学における，ガウスの後輩教授である．）

すなわち今，複素平面 $\boldsymbol{C}$ を3次元空間内の平面と考え，0で $\boldsymbol{C}$ と直交する軸の座標を t とする．（$\boldsymbol{C}$ の点 $z=x+yi$ の空間内での座標は，$(x, y, 0)$である．）0中心，半径1の球面

$$S=\{(x, y, t)|x^2+y^2+t^2=1\}$$

を考える．（図1-11）

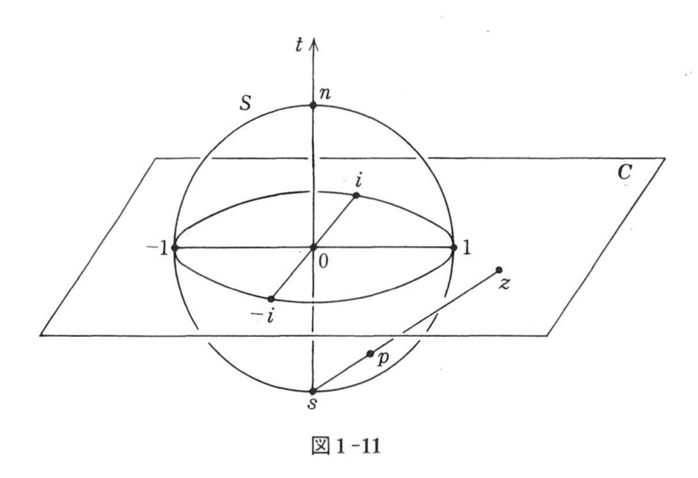

図1-11

球面 S の南極 $s=(0, 0, -1)$ 中心の**極射影**

$$\mu : S-\{s\} \longmapsto \boldsymbol{C}$$

を考える．すなわち μ は，図1-11において，球面 S 上の点 p を $\boldsymbol{C}$ 上の点 z に対応させるのである．これは，1対1双連続写像である．

問5．$p=(X, Y, t)$，$z=x+yi$ とおく時，x と y を X，Y，t の式であらわせ．逆に X，Y，t を x，y の式であらわせ．

さらに μ は，等角写像である．この事の証明は，初等幾何の面白い問題である．

問6．μ の等角性を証明せよ．

この対応で，南極 s に対応する $\boldsymbol{C}$ の点は存在しない．しかるに，S の点 p が s に限りなく近づく時，$|z|$ は限りなく大きくなる．すなわち z は，限りなく ∞ に近づく．そこで

$$\mu(s)=\infty$$

と定義をつけ加えると，μ は S から $\hat{\boldsymbol{C}}$ への，1対1双連続写像となる．

この μ でもって我々は，S と $\hat{\boldsymbol{C}}$ を**同一視**し，$\hat{\boldsymbol{C}}$ を**リーマン球面**，又は，**複素球面**と呼ぶ．

この同一視が極めて自然な事は，写像

$$f: z \longmapsto w=1/z \quad (f(0)=\infty,\ f(\infty)=0)$$

が $S=\hat{\boldsymbol{C}}$ から自身への写像として，等角写像となる事からもわかる．

問7．この事を示せ．

同様に，一般の一次分数変換も，$S=\hat{\boldsymbol{C}}$ からそれ自身への写像として，等角写像である．すなわち，命題1．3が，この意味でも成立する．

複素球面 $\hat{\boldsymbol{C}}$ は，我々の以後の議論において，基本的に重要になる．

問8．S と $\hat{\boldsymbol{C}}$ の同一視を与える写像 μ は，円を円に写す事を示せ．（ただし，S 上の円とは，S とある平面との共通部分を意味する．また，$\boldsymbol{C}$ の直線は，半径無限大の円と考える．）

☞**注意**　複素球面の説明において，大抵の本では北極 $n=(0,0,1)$ 中心の極射影を用いている．私は心理的理由から，南極 s 中心の極射影を用いる．球面の表裏を決めるのに，読者はどちらを表と思うだろうか．球の内部にもぐり込んで球面をながめ，見える面を表と思うだろうか．私は，球面を外からながめ，見える面を表と思いたい．これが，南極中心の極射影を用いる理由である．（等角写像は，向きも込めてある事に注意されたい．）

2. 一次分数変換群

§1. 一次分数変換群

前回，複素数 $z=x+iy$ と点 (x, y) とを同一視する事によって，複素数全体の集合 $\boldsymbol{C}$ と平面とを同一視し，これを複素平面と呼んだ．さらに，無限遠点 ∞ を想定して $\boldsymbol{C}$ につけ加え，集合 $\hat{\boldsymbol{C}}=\boldsymbol{C}\cup\{\infty\}$ を考え，これを空間内の球面 $S=\{(x, y, t)|x^2+y^2+t^2=1\}$ と，南極 $s=(0, 0, -1)$ 中心の極射影によって同一視し，複素球面と呼んだ．$\alpha, \beta, \gamma, \delta$ を $\alpha\delta-\beta\gamma\neq 0$ なる固定された複素数とする時，$\hat{\boldsymbol{C}}$ から自身への写像

$$\varphi : z \longmapsto w=\frac{\alpha z+\beta}{\gamma z+\delta}$$

(ただし，$\varphi(-\delta/\gamma)=\infty$，$\varphi(\infty)=\alpha/\gamma$．$\gamma=0$ なら $\varphi(\infty)=\infty$．) は，等角写像（すなわち1対1双連続で，向きも込めて角を保つ写像）である事を注意した．これを一次分数変換と呼んだ．前回言い忘れた事だが，実は，逆に $\hat{\boldsymbol{C}}$ からそれ自身への等角写像は，一次分数変換となる事が示される．しかし，その証明には複素関数論を用いるので，ここでは省略する（[21]参照）．

さて，

$$\varphi : z \longmapsto w=\frac{\alpha z+\beta}{\gamma z+\delta},\quad \psi : z \longmapsto w=\frac{\alpha' z+\beta'}{\gamma' z+\delta'}$$

を一次分数変換とする時，その合成写像

$$\begin{aligned}\varphi\cdot\psi : z \longmapsto w&=\frac{\alpha(\alpha' z+\beta')/(\gamma' z+\delta')+\beta}{\gamma(\alpha' z+\beta')/(\gamma' z+\delta')+\delta}\\&=\frac{(\alpha\alpha'+\beta\gamma')z+(\alpha\beta'+\beta\delta')}{(\gamma\alpha'+\delta\gamma')z+(\gamma\beta'+\delta\delta')}\end{aligned}$$

もまた，一次分数変換である．

一般に，写像の合成は，結合法則

$$(\varphi\cdot\psi)\cdot\eta=\varphi\cdot(\psi\cdot\eta)$$

をみたす．

問1．この事を示せ．

一次分数変換の合成も，従って，結合法則をみたす．

恒等変換

$$I: z \longmapsto w=z \qquad (I(\infty)=\infty)$$

も一次分数変換である．

一次分数変換

$$\varphi: z \longmapsto w=\frac{\alpha z+\beta}{\gamma z+\delta}$$

の逆写像

$$\varphi^{-1}: w \longmapsto z=\frac{\delta w-\beta}{-\gamma w+\alpha}$$

も一次分数変換である．

これらの性質を抽象して，我々は群の概念を得る．

集合 G が**群**（英語で **group**）であるとは，G の任意の二元 a, b に対し，それらの**積** $a\cdot b$ と呼ばれる第三の G の元が対応し，次の性質をみたす事である．

(1) 結合法則が成立する：$(a\cdot b)\cdot c=a\cdot(b\cdot c)$．

(2) **単位元**が存在する：G の特別な元 e（単位元）があって，G のすべての元 a に対し $a\cdot e=e\cdot a=a$ が成立する．

(3) 各元の**逆元**が存在する：G の任意の元 a に対し，$a\cdot a^{-1}=a^{-1}\cdot a=e$ となる a^{-1}（逆元）が存在する．

問2．単位元も各元の逆元も，唯一である事を証明せよ．

一次分数変換全体の集合は，上述の如く「写像の合成」と言う「積」に関し，群をなす．これを**一次分数変換群**と言い，$Aut(\hat{C})$ と書く．$\hat{C}$ の自己同型群（automorphism group）と言う意味である．

§2．群　の　例

群は，現代数学のいたる所にあらわれる大変重要な概念である．物理学においても，量子力学，素粒子論，最近の超弦理論等では，群論が非常に重要な役割をはたす．群の概念は，ラグランジュ，コーシーあたりに始まるとされるが，最初に表舞台で決定的な役割を演じたのが，ガロアの方程式論においてである．若干20才で決闘にたおれた悲劇の天才ガロア（1811-1832）の伝記は，我々の胸をうってやまない．（山下純一，ガロアへのレクイエム，現代数学社，参照．）

群の例は多い．ここで，そのいくつかを述べよう．

先ず，実数全体の集合 $\boldsymbol{R}$ 及び複素数全体の集合 $\boldsymbol{C}$ は，「加法」と言う「積」に関し群をなす．（単位元はゼロ，z の逆元は $-z$ である．）

群 G が，その任意の二元 a, b に対し

$$a \cdot b = b \cdot a$$

をみたす時，**可換群**，または，**アーベル群**と言う．加法群 $\boldsymbol{R}, \boldsymbol{C}$ はアーベル群である．一次分数変換群 $Aut(\hat{C})$ は，アーベル群でない．

問3．何故か．

群 G の部分集合 H が，G における積のもとで群をなす時，H を G の**部分群**と言う．$\boldsymbol{R}$ は $\boldsymbol{C}$ の部分群である．

次に，$\boldsymbol{R}, \boldsymbol{C}$ からゼロをのぞいた集合 $\boldsymbol{R}^*, \boldsymbol{C}^*$ は，「乗法」と言う「積」に関して群（アーベル群）をなす．（単位元は1，z の逆元は，逆数 $1/z$．）$\boldsymbol{R}^*$ は $\boldsymbol{C}^*$ の部分群である．また

$$\boldsymbol{R}_{>0} = \{x \in \boldsymbol{R}^* | x \text{ は正数}\}$$

は乗法群 $\boldsymbol{R}^*$ の部分群である．

複素数（実数）を成分とする n 次正則行列全体 $GL(n, \boldsymbol{C})(GL(n, \boldsymbol{R}))$ は「行列の積」と言う「積」に関して群をなす．（単位元は単位行列，逆元は逆行列．）これを，**n 次複素（実）一般線形変換群**と言う．$GL(n, \boldsymbol{R})$ は $GL(n, \boldsymbol{C})$ の部分群である．$GL(1, \boldsymbol{C})=\boldsymbol{C}^*$ はアーベル群だが，$n \geqq 2$ なら $GL(n, \boldsymbol{C})$ はアーベル群でない．

行列式が1である n 次複素（実）行列全体 $SL(n, \boldsymbol{C})(SL(n, \boldsymbol{R}))$ は，$GL(n, \boldsymbol{C})(GL(n, \boldsymbol{R}))$ の部分群をなす．これを **n 次複素（実）特殊線形変換群**と言う．

$$A \cdot {}^t\overline{A}=E \qquad ({}^t\overline{A} \text{ は } A \text{ の共役転置行列，} E \text{ は単位行列})$$

をみたす n 次複素行列 A を **n 次ユニタリー行列**と言う．その全体 $U(n)$ は $GL(n, \boldsymbol{C})$ の部分群をなす．**n 次ユニタリー群**と言う．$U(n)$ の中で，行列式が1である行列全体 $SU(n)$ は $U(n)$ の部分群である．**n 次特殊ユニタリー群**と言う．

問4．$SU(2)$ は，

$$\begin{pmatrix} \alpha & \beta \\ -\overline{\beta} & \overline{\alpha} \end{pmatrix} \qquad (\text{ここに，} \alpha, \beta \text{ は } |\alpha|^2+|\beta|^2=1 \text{ をみたす複素数})$$

なる形の行列全体から成る事を示せ．

ユニタリー行列に関する事を全て実行列になおすと，**n 次直交行列**，**n 次直交群** $O(n)$，**n 次特殊直交群** $SO(n)$ がえられる．

問5．$SO(2)$ は

$$\begin{pmatrix} \cos\theta & -\sin\theta \\ \sin\theta & \cos\theta \end{pmatrix} \qquad (\theta \text{ は実数})$$

なる形の行列（すなわち回転）全体である事を示せ．

問6．$SO(3)$ の各元は回転である．すなわち，$SO(3)$ の元 A を空間 $\boldsymbol{R}^3$ の線形変換とみる時，原点をとおる直線 l が存在して(1) A は l 上の各点を動かさず，(2) A は l を軸とする $\boldsymbol{R}^3$ の回転である．（$A \neq E$ なら，l は唯一である．）この事を示せ．（ヒント：A は1を固有値に持つ事をまず示せ．）

群 G から群 G' への写像

$$f: G \longrightarrow G'$$

が，**準同型**（homomorphism）とは，G の任意の元 a, b に対して

$$f(a \cdot b) = f(a) \cdot f(b)$$

が成立する事である．特に，f が 1 対 1 の時は，逆写像 f^{-1} も準同型となる．この場合 f を**同型**(isomorphism)と言う．同型写像 $f: G \longrightarrow G'$ がある時，G と G' は抽象群としての構造が同じである．$G \simeq G'$ とかく．

例えば

$$\log: x \longmapsto \log x$$

は乗法群 $\boldsymbol{R}_{>0}$ から加法群 $\boldsymbol{R}$ への同型写像を与える．それ故 $\boldsymbol{R}_{>0} \simeq \boldsymbol{R}$ である．

$$f: G \longrightarrow G'$$

が準同型写像である時，G' の単位元 e' の逆像を $Ker(f)$ と書き，f の**核**（kernel）と言う．

$$Ker(f) = \{a \in G | f(a) = e'\}.$$

これは G の部分群である．しかも，次の性質を持つ：

$$a \in Ker(f) \text{ で } b \in G \text{ なら } b^{-1} \cdot a \cdot b \in Ker(f)$$

問 7．これを示せ．

この性質を持つ部分群を，**正規部分群**と言う．

今，H を群 G の部分群とし，a を G の任意の元とするとき，

$$a^{-1}Ha = \{a^{-1} \cdot b \cdot a | b \in H\}$$

は G の部分群になる事が容易にわかる．これを **H に共役な部分群**と言う．a を動かすと，共役部分群が一般に沢山生ずるが，それらが全て H 自身と一致するような H がすなわち正規と言う事である．

さて，一次分数変換

$$\varphi: z \longmapsto \frac{\alpha z + \beta}{\gamma z + \delta} \qquad (\alpha\delta - \beta\gamma \neq 0)$$

は，係数 $\alpha, \beta, \gamma, \delta$ を（0 でない）定数倍にかえても同じ写像である：

$$\frac{\alpha z+\beta}{\gamma z+\delta}=\frac{\varepsilon\alpha z+\varepsilon\beta}{\varepsilon\gamma z+\varepsilon\delta} \qquad (\varepsilon\neq 0)$$

一次分数変換の「積」を観察すると

$$f:\begin{pmatrix}\alpha & \beta\\ \gamma & \delta\end{pmatrix}\longmapsto\varphi$$

なる写像は，$GL(2, \boldsymbol{C})$ から $Aut(\widehat{\boldsymbol{C}})$ への，全射準同型写像であって

$$Ker(f)=\left\{\begin{pmatrix}\alpha & 0\\ 0 & \alpha\end{pmatrix}\middle|\,\alpha\in\boldsymbol{C}^*\right\}$$

である事がわかる．(写像 $f: X\longrightarrow Y$ が**全射**であるとは，Y の各元 y に対し逆像 $f^{-1}(y)$ が空集合でない事．)

問8．この事をチェックせよ．

このf を $SL(2, \boldsymbol{C})$ に制限しても，やはり

$$g: SL(2, \boldsymbol{C})\longrightarrow Aut(\widehat{\boldsymbol{C}})$$

なる全射準同型写像がえられ

$$Ker(g)=\left\{\begin{pmatrix}1 & 0\\ 0 & 1\end{pmatrix}, \begin{pmatrix}-1 & 0\\ 0 & -1\end{pmatrix}\right\}$$

である．(g は f の事であるが，$SL(2, \boldsymbol{C})$ からの写像故，区別して書いた．)

群 G が集合として有限個の元より成る時，G を**有限群**と言い，さもない時は**無限群**と言う．上記の例は全て，無限群である．有限群の代表的例が，次にのべる置換群である．

今，F を有限集合とする．わかりやすく

$$F=\{1, 2, \cdots, n\}$$

とおこう．F から F 自身への1対1写像 σ を**置換**と言う．σ は

$$\sigma=\begin{pmatrix}1 & 2 & \cdots & n\\ a_1 & a_2 & \cdots & a_n\end{pmatrix} \qquad (ここに\ a_j=\sigma(j))$$

とあらわされる．(行列の記号と混同しないように．)置換は全部で $n!$ 個あり，「写像の合成」なる「積」のもとで群をなす．これを $\boldsymbol{n}$ **次対称群**と言い，S_n であらわす．例えば

$$S_3=\left\{\begin{pmatrix}1&2&3\\1&2&3\end{pmatrix},\begin{pmatrix}1&2&3\\2&3&1\end{pmatrix},\begin{pmatrix}1&2&3\\3&1&2\end{pmatrix},\begin{pmatrix}1&2&3\\2&1&3\end{pmatrix},\begin{pmatrix}1&2&3\\3&2&1\end{pmatrix},\begin{pmatrix}1&2&3\\1&3&2\end{pmatrix}\right\}$$

である．このうち

$$A_3=\left\{\begin{pmatrix}1&2&3\\1&2&3\end{pmatrix},\begin{pmatrix}1&2&3\\2&3&1\end{pmatrix},\begin{pmatrix}1&2&3\\3&1&2\end{pmatrix}\right\}$$

は S_3 の正規部分群をなす．これを3次交対群と言う．

一般に，**差積**と呼ばれる $n(n-1)/2$ 次多項式

$$P(x_1, x_2, \cdots, x_n)=(x_1-x_2)(x_1-x_3)\cdots(x_1-x_n)\cdot(x_2-x_3)\cdots(x_2-x_n)\cdots(x_{n-1}-x_n)$$

に，S_n の元 σ を

$$(\sigma P)(x_1, x_2, \cdots, x_n)=P(x_{\sigma(1)}, x_{\sigma(2)}, \cdots, x_{\sigma(n)})$$

と作用させると，σP は P か $-P$ か，どちらかになる．P になる時 σ を**偶置換**と言い，$-P$ になる時 σ を**奇置換**と言う．偶置換は全部で $n!/2$ 個あり，これら全体は，S_n の正規部分群をなす．これを ***n* 次交対群**と言い，A_n であらわす．

問9．以上の事を証明せよ．

一般に，S_n の部分群を**置換群**と言う．ガロアの方程式論にあらわれた群（これをガロア群と呼んでいる．）も置換群である．

脱線　群の概念に始めて接した読者は，多くの新しい用語，記号等に，拒否反応を示さなかっただろうか．実は私も，他人の論文を読んでいて，新しい用語等を定義されると，イライラする方なのである．ガロアが当時の数学界に受け入れられなかったのは，当然のような気がする．

§3．正多面体群

正多面体が5種類あって，それしかない事は，ギリシャの昔からよく知られていた．すなわち，正4面体 P_4，正6面体 P_6，正8面体 P_8，正12面体 P_{12}，正20面体 P_{20} の5種類である．（図2-1）

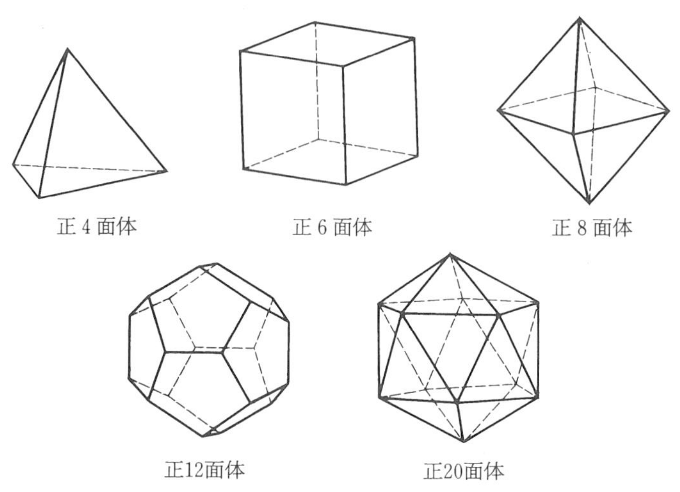

図２－１

正多面体 P の各面の中心を頂点として結ぶと，もうひとつの正多面体 P^* がえられる．（図２－２）この操作は可逆である．P と P^* は，互いに**双対な**正多面体と言う．正６面体と正８面体は双対で，正12面体と正20面体は双対である．正４面体は自身と双対，すなわち，**自己双対**である．

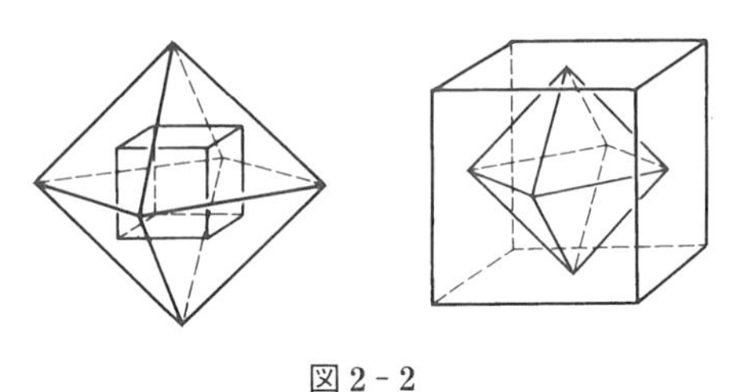

図２－２

問10．この事をチェックせよ．

（なお，図２－２の結晶模型を，高温超伝導物質の原点となった（層状）ペロブスカイトが持っている．——田中一大山［18］．）

さて，P を正多面体とし，その中心が空間 $\boldsymbol{R}^3$ の原点 $O=(0,0,0)$ であるとする．回転群 $SO(3)$ の元 A で，P を P に写す全体を $G(P)$ とおく：

$$G(P)=\{A\in SO(3)|A(P)=P\}.$$

あきらかに $G(P)$ は $SO(3)$ の部分群である．これを**正多面体群**と言う．$G(P)$ の元は，P に双対な P^* を P^* に写すので，$G(P)\subset G(P^*)$ であり，逆も言えるので

$$G(P)=G(P^*).$$

$G(P_4)$ を**正４面体群**，$G(P_6)=G(P_8)$ を**正８面体群**，$G(P_{12})=G(P_{20})$ を**正20面体群**と言う．

定理２．１　正多面体群は $SO(3)$ の有限部分群である．そして，次の同型が存在する：

$$G(P_4)\simeq A_4,\ G(P_8)\simeq S_4,\ G(P_{20})\simeq A_5.$$

（補足１参照）

さらに次の定理が成立する．

定理２．２　$SO(3)$ の有限部分群は，次のどれかと共役である．(1)正多角形群 C_m $(m=1,2,\cdots)$，(2)正２面体群 D_{2m} $(m=2,3,\cdots)$，(3)正４面体群 $G(P_4)$，(4)正８面体群 $G(P_8)$，(5)正20面体群 $G(P_{20})$．

ここで，**正多角形群** C_m とは，空間 $\boldsymbol{R}^3$ の座標 (x,y,t) の t-軸を軸として，回転角 $2\pi/m$ である回転を A とする時，

$$C_m=\{E,A,A^2,\cdots,A^{m-1}\}$$

なる $SO(3)$ の部分群の事である．（この群は，抽象群としては**巡回群**と呼ばれる特別なアーベル群である．）また，**正２面体群** D_{2m} とは，いま定義した回転 A と，x-軸を軸として，回転角 π である回転 B によって作られる $SO(3)$ の部分群

$$D_{2m}=\{E,A,\cdots,A^{m-1},B,AB,\cdots,A^{m-1}B\}$$

の事である．

定理２．２の証明は，例えば，岩堀［８］を参照されたい．

ところで，回転群 $SO(3)$ の各元 A は，球面

$$S=\{(x,y,t)\in\boldsymbol{R}^3|x^2+y^2+t^2=1\}$$

に制限すると，S から S 自身への等角写像である．南極 $s=(0,0,-1)$ 中心の極射影によって S と $\hat{C}$ とを同一視する事により，A は $\hat{C}$ の等角写像，すなわち，一次分数変換とみれる．これを

$$\varphi : z \longmapsto w=\frac{\alpha z+\beta}{\gamma z+\delta}$$

とおく．$z\in\hat{C}=S$ に対し，S の z をとおる直径の z と反対側にある点は $-1/\bar{z}$ である．（図２‐３）

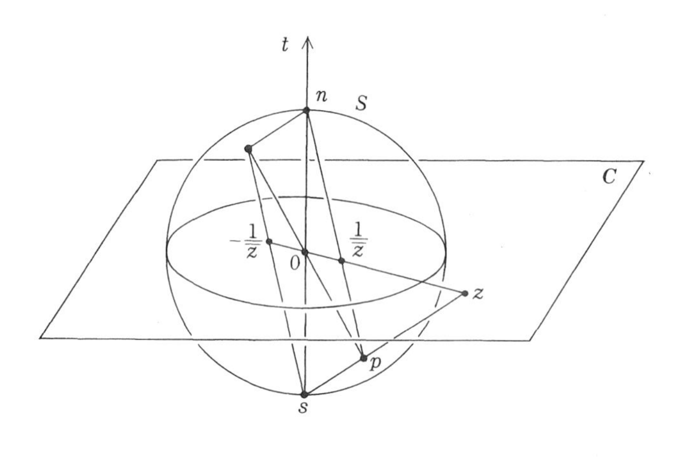

図２‐３

問11．図２‐３によって，この事を説明せよ．

しかるに，A は回転故，$\varphi(z)$ と $\varphi(-1/\bar{z})$ も S のある直径の両端点である．すなわち

$$\varphi(-1/\bar{z})=-1/\overline{\varphi(z)}.$$

つまり，

$$\frac{\beta\bar{z}-\alpha}{\delta\bar{z}-\gamma}=\frac{-\bar{\gamma}\bar{z}-\bar{\delta}}{\bar{\alpha}\bar{z}+\bar{\beta}}.$$

これが各 z について成立するので，０でない複素数 ε があって

$$\beta=-\varepsilon\bar{\gamma},\ \alpha=\varepsilon\bar{\delta},\ \delta=\varepsilon\bar{\alpha},\ \gamma=-\varepsilon\bar{\beta}$$

をみたす．この ε は従って

$$|\varepsilon|=1 \qquad \cdots(1)$$

をみたす．一方，先に述べた全射準同型写像

$$g: SL(2, \boldsymbol{C}) \longrightarrow Aut(\hat{\boldsymbol{C}})$$

を思い出そう．今

$$\begin{pmatrix} \alpha & \beta \\ \gamma & \delta \end{pmatrix} \in SL(2, \boldsymbol{C}), \text{すなわち } \alpha\delta-\beta\gamma=1$$

とすると，上述より

$$\begin{pmatrix} \alpha & \beta \\ \gamma & \delta \end{pmatrix} = \begin{pmatrix} \alpha & \beta \\ -\varepsilon\overline{\beta} & \varepsilon\overline{\alpha} \end{pmatrix}$$

故，

$$1=\alpha\delta-\beta\gamma=\varepsilon(|\alpha|^2+|\beta|^2)$$

となり，

$$\varepsilon=\frac{1}{|\alpha|^2+|\beta|^2} \qquad \cdots(2)$$

(1)，(2)より $\varepsilon=1$．故に $|\alpha|^2+|\beta|^2=1$ であって

$$\begin{pmatrix} \alpha & \beta \\ \gamma & \delta \end{pmatrix} = \begin{pmatrix} \alpha & \beta \\ -\overline{\beta} & \overline{\alpha} \end{pmatrix} \in SU(2) \qquad \text{(問 4 参照)}$$

となる．すなわち

$$\varphi \in g(SU(2)).$$

この $g(SU(2))$ は $Aut(\hat{\boldsymbol{C}})$ の部分群である．
詳しい説明は省略するが，逆に $g(SU(2))$ の元 φ は $S=\hat{\boldsymbol{C}}$ なる同一視のもとで $SO(3)$ の元とみれる（難波[25]参照）．すなわち

定理 2．3　同一視 $S=\hat{\boldsymbol{C}}$ のもとで，$SO(3)=g(SU(2))$.

かくて，定理 2．2 の各有限部分群の各元は，($g(SU(2))$ に入る) 一次分数変換ともみれる．実際書き上げると，次のようになる：

C_m : $z \longmapsto w=\zeta^k z \qquad (k=0, 1, \cdots, m-1)$.

D_{2m} : $w=\zeta^k z, w=\zeta^k/z \qquad (k=0, 1, \cdots, m-1)$.

$$G(P_4):\ w=\pm z,\ \pm\frac{1}{z},\ \pm i\frac{z+1}{z-1}$$

$$\pm i\frac{z-1}{z+1},\ \pm\frac{z+i}{z-i},\ \pm\frac{z-i}{z+i}.$$

$$G(P_8):\ w=i^k z,\ i^k\frac{1}{z},\ i^k\frac{z+1}{z-1}$$

$$i^k\frac{z-1}{z+1},\ i^k\frac{z+i}{z-i},\ i^k\frac{z-i}{z+i}\qquad (k=0,1,2,3).$$

$$G(P_{20}):\ w=\zeta^k z,\ -\zeta^k z,\ \zeta^k\frac{\zeta^j(\zeta^2+\zeta^3)z+1}{\zeta^j z-(\zeta^2+\zeta^3)},$$

$$\zeta^k\frac{-z+\zeta^j(\zeta^2+\zeta^3)}{(\zeta^2+\zeta^3)z+\zeta^j},\qquad (j,k=0,1,2,3,4).$$

ここに $i=\sqrt{-1}$ であり，C_m, D_{2m} における ζ は $\zeta=\cos 2\pi/m+i\sin 2\pi/m$ であって，$G(P_{20})$ における ζ は $\zeta=\cos 2\pi/5+i\sin 2\pi/5$ である．

そして，定理２．２を少し一般化した次の定理が成立する．

定理２．４　$Aut(\hat{C})$ の有限部分群は，以上の５種の群 $C_m\,(m=1,2,\cdots)$, $D_{2m}\,(m=2,3,\cdots)$, $G(P_4)$, $G(P_8)$, $G(P_{20})$ のいずれかに共役である．

上述の正多面体群の表現，及びこの定理の証明については，例えば，藤原［２］を参照されたい．これは絶版で，図書館か古本屋にしかないが，古典的名著である．

3．有理関数の不思議

§1．前回の補足

前回は，複素球面 $\hat{C}$ からそれ自身への等角写像（すなわち，1対1双連続で向きも込めて角を保つ写像）である一次分数変換と，それらの全体の集合のなす一次分数変換群を論じた．群と言う抽象的概念は，現代数学において致命的に大切である．

さて，$\hat{C}$ の任意の2点 p, q をとると，p を q に写す一次分数変換が存在する．より強く

命題3．1　$\hat{C}$ の互いに異なる3点 p_1, p_2, p_3 と，互いに異なる3点 q_1, q_2, q_3 を任意にとると，$\varphi(p_1)=q_1, \varphi(p_2)=q_2, \varphi(p_3)=q_3$ となる一次分数変換 φ が唯一つ存在する．

例えば，α, β, γ を互いに異なる複素数として，

$$\varphi(0)=\alpha, \varphi(1)=\beta, \varphi(\infty)=\gamma$$

となる一次分数変換 φ は

$$\varphi(z)=\frac{\gamma(\alpha-\beta)z+\alpha(\beta-\gamma)}{(\alpha-\beta)z+\beta-\gamma}$$

で与えられる．

問1．命題3．1を証明せよ．

一次分数変換は，$\hat{C}$ の等角自己同型であり，見方をかえると，$\hat{C}$の座

標変換でもある．

§2．二次関数 $w=z^2$

さて今回は，有理関数を論じよう．たかが有理関数と言うなかれ．いろいろ不思議なことが内在している．

初めに例として，簡単な二次関数 $y=x^2$ をとり上げる．ただし，その変数 x が複素数の範囲で動くとして，複素変数の複素数値関数 $w=z^2$ を考えよう．これを $\hat{C}$ からそれ自身への写像とみなす：

$$f: z \longmapsto w=z^2, f(\infty)=\infty.$$

これは連続な写像である．実際，$z=x+yi$，$w=u+vi$ とおくと

$$w=z^2=(x+yi)^2=x^2-y^2+2xyi$$

故

$$u=x^2-y^2, v=2xy \qquad \cdots(1)$$

となり，複素平面 C からそれ自身への写像として連続である．また $|z|\longrightarrow+\infty$ の時 $|w|\longrightarrow+\infty$ 故，f は $\hat{C}$ からそれ自身への写像として連続である．この写像は全射ではあるが1対1ではない．実際，w を0でない既知数とする時，方程式 $z^2-w=0$ は，2根 z，$-z$ をもつ．

問2．$u+vi$ を0でない複素数とする時，x, y を未知数とする連立方程式(1)は必ず二組の実解 (x, y)，$(-x, -y)$ をもつ事を示せ．

この写像 f の様子をみるために，便宜上，$\hat{C}$ のコピイをひとつ用意し，f を z-球面 $\hat{C}$ から，コピイの w-球面 $\hat{C}$ への写像と考えよう．(1)において $u=a$（一定），$v=b$（一定）なる直交二直線の f による原像を描くと，図3-1のように，直交する二双曲線となる．

図3-1から察知されるように，写像 f は，0でも ∞ でもない点の近くでは，1対1双連続で向きも込めて角を保っている．（正確に言うと，各点 $z\in\hat{C}-\{0,\infty\}$ に対し，z を含む開領域 U と $f(z)$ を含む開領域 V があって，f は U から V への等角写像となる．）この性質を**局所等角性**と

言う．すなわち f は，$\hat{C}-\{0,\infty\}$ からそれ自身への写像として，2 対 1 の局所等角写像である．

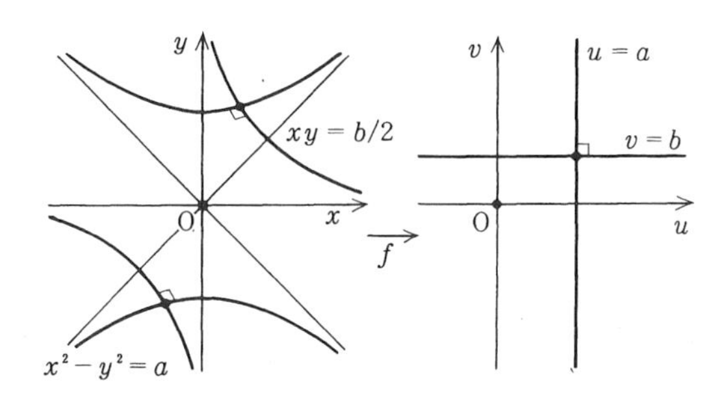

図 3‐1

0 と ∞ とが，f の局所等角性のくずれている点である．これらを写像 f の**分岐点**と名づける．

実は，分岐点の近くでの分岐の状況と言うべきものが 0 と ∞ とでは，全く同じなのである．これをみるため，z-球面，w-球面を座標変換して

$$z=\frac{1}{s},\ w=\frac{1}{t} \qquad \cdots(2)$$

とおき，写像 f を新しい座標 s，t であらわすと

$$f: s \longmapsto t=s^2$$

となり，前と全く同じ形になる．$z=\infty$ （$w=\infty$）は $s=0$ （$t=0$）なる点なので，この意味で，0 と ∞ とは分岐の状況が同じである．

f の原像を動かす時，$0\,(\infty)$ で原像の 2 点が 1 点にくっついてしまうと考えられる．f の $z=0$ （$z=\infty$）での**分岐指数**は 2 であると言う．

§3．他　の　例

二次関数 $w=z^2$ についての上述の考察は，一般の複素変数の有理関数 $w=f(z)$（f は複素係数の有理式）についても同様に出来る．

一例として，有理関数

$$w=\frac{10z^2+8z}{z^2-1}$$

を $\hat{C}$ からそれ自身への連続写像とみるには

$$f: z \longmapsto w=\frac{10z^2+8z}{z^2-1} \quad (z\neq\pm1),\ f(1)=f(-1)=\infty,\ f(\infty)=10$$

とおけばよい．この時，10 の逆像は

$$f^{-1}(10)=\left\{\infty,\ -\frac{5}{4}\right\}$$

である．$-\dfrac{5}{4}$は方程式

$$\frac{10z^2+8z}{z^2-1}=10$$

の解である．f は z-球面から 2 点をのぞいた集合から，w-球面の 2 点をのぞいた集合への，2 対 1 局所等角写像である．のぞかれる z-球面の 2 点がすなわち分岐点である．その求め方は，λ を複素数として方程式

$$\frac{10z^2+8z}{z^2-1}=\lambda$$

が重根を持つような λ を求め，その時の重根 z を求めればよい．答は次の如し：

$$\lambda=8,\ \text{その時}\ z=-2,\ \text{及び}\ \lambda=2,\ \text{その時}\ z=-\frac{1}{2}$$

問 3．この事を確かめよ．

f の $z=-2$ 及び $z=-\dfrac{1}{2}$ での分岐指数は，2 であると言う．

別の例として，有理関数

$$w=\frac{z^3}{z-1}$$

を $\hat{C}$ から $\hat{C}$ への連続写像とみる．

$$f:z\longmapsto w=\frac{z^3}{z-1}\quad(z\neq1),\ f(1)=\infty,\ f(\infty)=\infty$$

とおけばよい．

f が分岐する点 z の求め方は，λ を複素数として方程式

$$\frac{z^3}{z-1}=\lambda$$

が重根を持つような λ を求め，その時の重根 z を求めればよい．分母を払えば 3 次方程式

$$z^3-\lambda z+\lambda=0$$

となり，その判別式は

$$D=\lambda^2(4\lambda-27)$$

である．(一般に，方程式 $z^3+pz+q=0$ の判別式は $D=-4p^3-27q^2$ である．例えば，高木［16］参照．）それ故 $\lambda=0$，$\dfrac{27}{4}$ となり，対応する重根はそれぞれ，$z=0, \dfrac{3}{2}$ である．$z=0$ は 3 重根，$z=\dfrac{3}{2}$ は 2 重根である．

$$f^{-1}\left(\frac{27}{4}\right)=\left\{\frac{3}{2}, -3\right\}$$

である．一方，前述の座標変換(2)をおこなうと，f は

$$t=s^2(1-s)$$

となり，$t=0$ の時，$s^2(1-s)=0$ は $s=0$ を重根にもつ．つまり $s=0$，すなわち $z=\infty$ が f の分岐点とわかる．

結局，f の分岐点集合は $\left\{0, \dfrac{3}{2}, \infty\right\}$ である．分岐指数はそれぞれの点で，3, 2, 2 であると言う．f は

$$f: \hat{C}-\left\{0, \frac{3}{2}, -3, \infty, 1\right\} \longrightarrow \hat{C}-\left\{0, \frac{27}{4}, \infty\right\}$$

なる写像とみて，3 対 1 局所等角写像である．この数 3 を，この写像 f の**写像度**と言う．

この写像の状況は，本当は 2 次元的なのだが，わかりやすく，横からながめたように 1

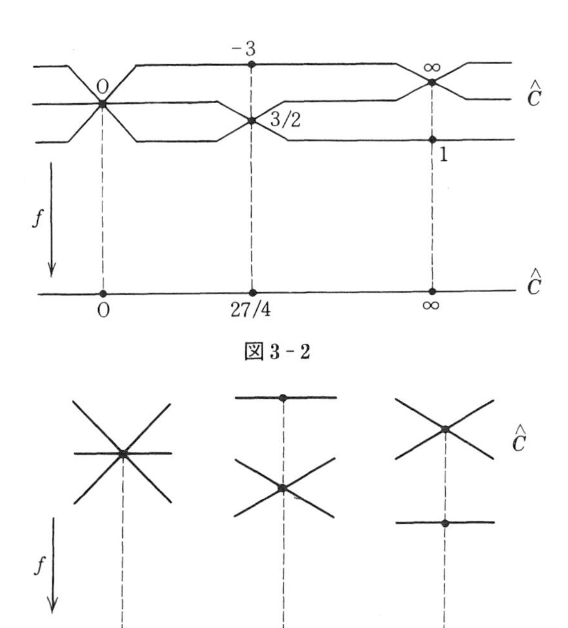

図 3 - 2

図 3 - 3

次元的に図示すると，図 3－2 のようになっている．

f を特徴づける写像度と，分岐点での分岐指数のみに注目して，図 3－3 のように描く事も多い．

このような図を，f の**分岐分布図**と呼ぼう．

§4．有理関数の導関数

一般に有理関数 $w=f(z)$ を $\hat{C}$ から $\hat{C}$ への連続写像とみる時，上述と同様，その写像度，分岐点，そこでの分岐指数が定義される．**写像度** $\deg f$ は，

$$f(z)=\frac{P(z)}{Q(z)} \qquad (P, Q \text{ は共通因子のない多項式})$$

と書いた時の，P, Q の次数の大きい方：

$$\deg f=\max\{\deg P, \deg Q\}$$

と定義される．$\deg f=n$ とおく時，f は有限個の点を除いて n 対 1 局所等角写像であり，n 対 1 がくずれる点が**分岐点**であり，f の原像を動かす時，原像の何点がその点に合流してくっついてしまうかで**分岐指数**が定義される．

分岐点，分岐指数を求めるには，上で述べたような判別式を用いる方法は計算に適さない．実用上は $f(z)$ の**導関数** $f'(z)$ の零点とその重複度（に 1 を加えたもの）を求めればよい．$f(z)$ の導関数 $f'(z)$ の定義は，ふつうの実変数の実数値関数 $y=f(x)$ の導関数 $f'(x)$ の定義と全く同様である．多項式

$$P(z)=a_0z^n+a_1z^{n-1}+\cdots+a_n \qquad (a_j \text{ は複素数})$$

に対して

$$P'(z)=na_0z^{n-1}+(n-1)a_1z^{n-2}+\cdots+a_{n-1}$$

と定義し，$f(z)=\dfrac{P(z)}{Q(z)}$ と上記のように書いた時，

$$f'(z)=\frac{P'(z)Q(z)-P(z)Q'(z)}{Q(z)^2}$$

と定義するのである．例えば前出の

$$f(z)=\frac{z^3}{z-1}$$

の場合は

$$f'(z)=\frac{z^2(2z-3)}{(z-1)^2}$$

であって，方程式 $f'(z)=0$ は $z=0$ を 2 重根，$z=\frac{3}{2}$ を単根とする．かくて，$z=0$，$z=\frac{3}{2}$ は f の分岐点となり，分岐指数はそれぞれ 3 と 2 になる．

一般に，$z=\infty$ が分岐点になるか否かは，前出の座標変換(2)：$z=\frac{1}{s}$，$w=\frac{1}{t}$ をおこない，(場合によっては，下記の問の(イ)のように，$z=\frac{1}{s}$ のみおこない) $t=h(s)$ と書いて $s=0$ が方程式 $h(s)=0$ の重根になるかみればよい．f の分母の零点が分岐点になるか否かみるのも同様である．

問 4．次の有理関数の写像度，分岐点，分岐指数，及び分岐分布図を求めよ．(イ) $f(z)=\frac{z-1}{z^4}$，(ロ) $f(z)=\frac{z^4+1}{z^2}$

§5．筆者が答を知らない問題

有理関数 $f(z)$ に対して，$p_1, p_2, \cdots, p_m$ を f の分岐点全体の集合とし，分岐指数をそれぞれ，$e_1, e_2, \cdots, e_m$ とする．$2\leqq e_j\leqq \deg f$ はあきらかであるが，さらに次の公式が成立する．

定理 3．2　(リーマン-フルヴィッツの公式)

$$2(\deg f)-2=\sum_{j=1}^{m}(e_j-1)$$

例えば，前出の

$$f(z)=\frac{z^3}{z-1}$$

の場合は，

$$\deg f=3,\ m=3,\ e_1=3,\ e_2=e_3=2$$

となって，公式が成立している．（問 4 の(イ)，(ロ)についても同様に確かめられる．）

この定理は，実はもっと一般のリーマン—フルヴィッツの公式の特別な場合である．一般の公式は後に述べるであろう．

問 5．定理 3．2 を証明せよ．

ここで，私が答を知らない問題を提出する．

問題．逆に，自然数 $n, e_1, \cdots, e_m$　$(2\leqq e_j\leqq n, j=1, \cdots, m)$ を $\sum_{j=1}^{m}(e_j-1)=2n-2$ なるように与え，さらに $n, e_1, \cdots, e_m$ を用いての分岐分布図を与える時，(イ) $\boldsymbol{C}$ の互いにことなる点 $p_1, \cdots, p_m$ が存在し，(ロ) $\deg f=n$，f の分岐点は $p_1, \cdots, p_m$，各 p_j での f の分岐指数が e_j，さらに f の分岐分布図が与えられたものと一致するような有理関数 f が存在する，ための条件は何か．

実は私は，このような $p_1, \cdots, p_m$ と f がいつも存在すると，ぼんやり思っていた．ところが，大学院生，小泉恵子さんの修士論文［12］において，超幾何微分方程式のある問題との関連で，この問題に遭遇し，彼女は幾何的考察によって，有理関数 f の存在しない，いくつかの例を得た．

$n=6, m=7, e_1=e_2=e_3=e_4=2, e_5=e_6=e_7=3$，及び図 3－4 の分岐分

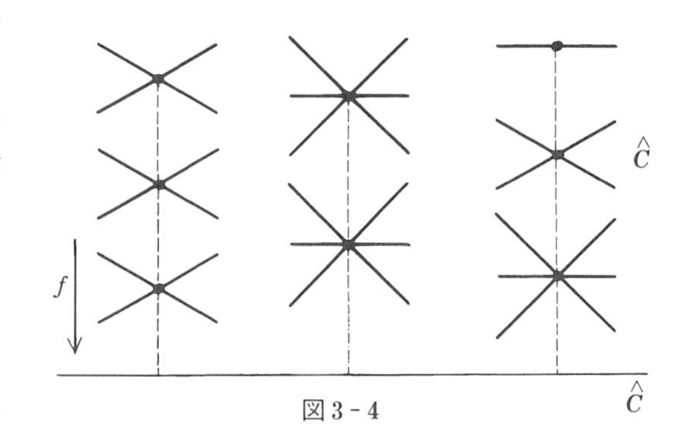

図 3－4

布図が f の存在しない一例である．この場合，f の非存在を直接計算で示そうとすると，めんどうな計算をせねばならない．大学院生，飯郷勝久君が実行してみせてくれたが，計算途中に方程式

$$6561x^8-69984x^7+318816x^6-809280x^5+1250976x^4 -1205248x^3+706560x^2-230400x+32000=0$$

が出てくる．彼は左辺を因数分解（!）して

$$6561\left(x-\frac{2}{3}\right)^2(x-2)^3\left(x-\frac{10}{9}\right)^3=0$$

を得，根 $x=2/3, 2, 10/9$ を得ているのには，恐れ入った次第である．（詳しくは，上記，小泉さんの修士論文参照．）**（補足 2 参照）**

§6．有理関数のガロア群

$w=f(z)$ を有理関数とし，前のように，これを $\hat{\boldsymbol{C}}$ から $\hat{\boldsymbol{C}}$ への写像とみる．一次分数変換 φ と f との，写像としての合成 $f\cdot\varphi$ を作ると，これも有理関数をあらわす．これがもとの f と等しいような φ の全体の集合を G_f であらわす：

$$G_f=\{\varphi\in \mathrm{Aut}\,(\hat{\boldsymbol{C}})|f\cdot\varphi=f\}.$$

ここに，$\mathrm{Aut}\,(\hat{\boldsymbol{C}})$ は一次分数変換群である．この時，G_f は，$\mathrm{Aut}\,(\hat{\boldsymbol{C}})$ の部分群をなす．

問 6．この事を示せ．

G_f を有理関数 f の**自己同型群**と呼ぶ．実は G_f は有限群となり，G_f の元の個数 $\#G_f$（これを有限群 G_f の**位数**と呼ぶ）は

$$\#G_f\leqq \deg f$$

をみたす事が知られている．これが等号となる時，f は**ガロア的**であると言う．この時は，G_f を f の**ガロア群**と呼ぶ．

この定義は，次のようにも言いかえる事が出来る．すなわち，$f(p)=f(q)$ なる $\hat{\boldsymbol{C}}$ の任意の点 p, q に対して，$\varphi(p)=q$ となる G_f の元 φ があ

る時，かつ，その時のみ，f はガロア的である．

（むずかしい言葉で言うと，f は有理関数体 $\boldsymbol{C}(w)$ の有限拡大で再び有理関数体となる $\boldsymbol{C}(z)/\boldsymbol{C}(w)$ を導くが，これがガロア拡大となる事が，すなわち f がガロア的と言う事と同値である．この時のガロア群 $\mathrm{Gal}(\boldsymbol{C}(z)/\boldsymbol{C}(w))$ は自然に G_f と同型である．）

前回，$\mathrm{Aut}\,(\widehat{\boldsymbol{C}})$ の有限部分群について述べた．それによれば，任意の有限部分群は，巡回群，２面体群，正４面体群，正８面体群，正20面体群のいずれかに共役である．従って，f の自己同型群 G_f も，これらのいずれかに共役である．

特にガロア的な f も５種類ある事になる．（この事は，実はガロア的な f の分岐分布図が，きれいな形になる事と，リーマン―フルヴィッツの公式からも証明出来る．**補足３参照．**）しかも，座標変換すると，ガロア的 f は，きちんと定まる．それが次の定理であるが，この定理は，前世紀末から今世紀初めにかけて，ドイツ数学会の重鎮であったクライン（F. Klein）によって，不変式論等を用いて，証明された（[22]参照）．

定理３．３　ガロア的有理関数 $w=f(z)$ は，z―球面，w―球面に，てきとうな座標変換をおこなうと，次のいずれかに一致する．

(イ)　$w=z^n \quad (n=1,2,\cdots)$　　（G_f は巡回群）

(ロ)　$w=z^n+\dfrac{1}{z^n} \quad (n=2,3,\cdots)$　　（２面体群）

(ハ)　$w=\dfrac{(z^4-2\sqrt{-3}z^2+1)^3}{(z^4+2\sqrt{-3}z^2+1)^3}$　　（正４面体群）

(ニ)　$w=\dfrac{(z^8+14z^4+1)^3}{108z^4(z^4-1)^4}$　　（正８面体群）

(ホ)　$w=\dfrac{\{-z^{20}-1+228(z^{15}-z^5)-494z^{10}\}^3}{1728z^5(z^{10}+11z^5-1)^5}$　　（正20面体群）

4．代数曲線の生息地

§1．複素射影平面

前回までの話は，複素平面 $\boldsymbol{C}$，複素球面 $\hat{\boldsymbol{C}}$，一次分数変換群 Aut $(\hat{\boldsymbol{C}})$，そして $\hat{\boldsymbol{C}}$ から $\hat{\boldsymbol{C}}$ への写像とみた有理関数の性質等についてであった．ここまでが，いわば序論に相当し，本論はこれからである．

本連載のテーマである代数曲線を論ずる前に，さまざまな代数曲線の生息するステップ（大草原）である**複素射影平面** $\boldsymbol{P}^2$（正確には $\boldsymbol{P}^2(\boldsymbol{C})$ と書くが，めんどうなので，こう略記する．）を定義し，その性質を述べねばならない．今回はこのことをテーマとしよう．

しかし，突然 $\boldsymbol{P}^2$ の定義を持ち出しても，めんくらうばかりなので，心理的抵抗感の少い導入を試みよう．

脱線　専門家の話には，心理的抵抗感の多いものが，ずいぶんと見受けられる．その点，中学校，高校の教科書や授業は，とても巧みなものである．我々は，その恩恵を十分受けているはずだが，そうは思わず，なかには怨念さえ抱いている者もいる．

複素球面 $\hat{\boldsymbol{C}}$ の座標変換でもある一次分数変換の一般形は，$\alpha, \beta, \gamma, \delta$ を $\alpha\delta-\beta\gamma \neq 0$ なる複素数として

$$\varphi : z \longmapsto w=\frac{\alpha z+\beta}{\gamma z+\delta} \qquad \cdots(1)$$

$$\varphi(\infty)=\alpha/\gamma, \varphi(-\delta/\gamma)=\infty \qquad (\gamma=0 \text{ なら } \varphi(\infty)=\infty)$$

である．前々回に話したように，行列

$$A=\begin{pmatrix}\alpha & \beta\\ \gamma & \delta\end{pmatrix}$$

に φ を対応させる事により，（行列の積に一次分数変換の写像としての合成が対応し）一般複素線形変換群 $\mathrm{GL}(2,\boldsymbol{C})$（2次複素正則行列全体の作る群）から $\mathrm{Aut}(\widehat{\boldsymbol{C}})$ への全射の準同型写像

$$\mathrm{GL}(2,\widehat{\boldsymbol{C}})\longrightarrow \mathrm{Aut}(\widehat{\boldsymbol{C}})$$

が得られ，その核（単位元の原像）は

$$\begin{pmatrix}\lambda & 0\\ 0 & \lambda\end{pmatrix}\qquad (\lambda \text{ は } 0 \text{ でない複素数})$$

なる形の行列全体である．

ところで $\mathrm{GL}(2,\boldsymbol{C})$ は，2次元複素ベクトル空間

$$\boldsymbol{C}^2=\boldsymbol{C}\times\boldsymbol{C}=\{(Z_1, Z_2)|Z_1, Z_2 \text{ は複素数}\}$$

に，次のように作用しているとしてよい．

$$\begin{pmatrix}\alpha & \beta\\ \gamma & \delta\end{pmatrix}:(Z_1, Z_2)\longmapsto(W_1, W_2)=(\alpha Z_1+\beta Z_2,\ \gamma Z_1+\delta Z_2) \qquad \cdots(2)$$

(1)と(2)をじっと見比べると

$$z=Z_1/Z_2,\quad w=W_1/W_2$$

とおけば，ちょうどぴったりする事に気づく．しかも

$$\infty=Z_1/0 \qquad (Z_1\neq 0)$$

とおく事により，∞ もふくめて，ぴったりしている．ただし，$Z_1=0, Z_2=0$ の時の $0/0$ は考えないものとする．

すなわち，我々は複素球面 $\widehat{\boldsymbol{C}}$ を，同時には0にならない複素数 Z_1, Z_2 の比 $(Z_1:Z_2)$ の全体とみなす：

$$\widehat{\boldsymbol{C}}=\{(Z_1:Z_2)|(Z_1, Z_2)\in\boldsymbol{C}^2-\{(0,0)\}\} \qquad \cdots(3)$$

（ただし，$\infty=(Z_1:0), Z_1\neq 0$）．

この時，(2)により，一次分数変換 φ は

$$\varphi:(Z_1:Z_2)\longmapsto(W_1:W_2)=(\alpha Z_1+\beta Z_2:\ \gamma Z_1+\delta Z_2) \qquad \cdots(4)$$

と書ける．

以上の事を，比 $(Z_1:Z_2)$ でなく，連比 $(Z_1:Z_2:Z_3)$ について考えたものが，複素射影平面 $\boldsymbol{P}^2$ なのである．

すなわち，3 次元複素ベクトル空間

$$\boldsymbol{C}^3=\boldsymbol{C}\times\boldsymbol{C}\times\boldsymbol{C}=\{(Z_1, Z_2, Z_3)|Z_1, Z_2, Z_3\in\boldsymbol{C}\}$$

から，ゼロベクトルを除いた集合 $\boldsymbol{C}^3-\{(0,0,0)\}$ のふたつのベクトル

$$(Z_1, Z_2, Z_3) \text{ と } (Z_1', Z_2', Z_3')$$

が同じ仲間である，又は**同じ類にぞくする**とは

$$Z_1'=\lambda Z_1,\quad Z_2'=\lambda Z_2,\quad Z_3'=\lambda Z_3$$

となる 0 でない複素数 λ が存在する事とし，その**同値類**（同じ仲間をひとまとめにしたもの），すなわち，**連比** $(Z_1 : Z_2 : Z_3)$ 全体の集合を，**複素射影平面** $\boldsymbol{P}^2$ と呼ぶ：

$$\boldsymbol{P}^2=\{(Z_1 : Z_2 : Z_3)|(Z_1, Z_2, Z_3)\in\boldsymbol{C}^3-\{(0,0,0)\}\}.$$

同様に，(4)を連比の場合に一般化して：

$$A=\begin{pmatrix}\alpha_1 & \alpha_2 & \alpha_3\\ \beta_1 & \beta_2 & \beta_3\\ \gamma_1 & \gamma_2 & \gamma_3\end{pmatrix}$$

を任意の 3 次複素正則行列とする時，写像

$$\varphi : (Z_1 : Z_2 : Z_3) \longmapsto (W_1 : W_2 : W_3)=(\alpha_1Z_1+\alpha_2Z_2+\alpha_3Z_3 : \beta_1Z_1+\beta_2Z_2+\beta_3Z_3 : \gamma_1Z_1+\gamma_2Z_2+\gamma_3Z_3)$$

は，$\boldsymbol{P}^2$ から $\boldsymbol{P}^2$ への 1 対 1 写像である．これを $\boldsymbol{P}^2$ の**射影変換**と呼ぶ．これがいわば，$\boldsymbol{P}^2$ の座標変換である．この全体を $\mathrm{Aut}(\boldsymbol{P}^2)$ と書くと，写像

$$A \longmapsto \varphi$$

は $\mathrm{GL}(3, \boldsymbol{C})$ から $\mathrm{Aut}(\boldsymbol{P}^2)$ への全射準同型写像となり，その核は

$$\begin{pmatrix}\lambda & 0 & 0\\ 0 & \lambda & 0\\ 0 & 0 & \lambda\end{pmatrix} \qquad \lambda\in\boldsymbol{C}, \lambda\neq 0$$

なる行列全体である．

問 1．この事をチェックせよ．

全く同様にして，**n 次元複素射影空間** $\boldsymbol{P}^n$ が，連比 $(Z_1 : Z_2 : \cdots : Z_{n+1})$ 全体の集合として定義出来，また，$\boldsymbol{P}^n$ の**射影変換**も定義出来る．

問2．きちんと定義せよ．

複素球面 $\widehat{\boldsymbol{C}}$ は，1次元複素射影空間 $\boldsymbol{P}^1$ に他ならない．また，$\widehat{\boldsymbol{C}}=\boldsymbol{P}^1$ の一次分数変換が，$\boldsymbol{P}^1$ の射影変換に他ならない．$\widehat{\boldsymbol{C}}=\boldsymbol{P}^1$ を**複素射影直線**とも呼ぶ．2次元的広がりをもつのに「直線」とは，これいかに？　実数の世界でなく，複素数の世界だからである．$\boldsymbol{P}^n$ は空間的広がりとしては $2n$ 次元である．

とくに $\boldsymbol{P}^2$ は空間的広がりとしては，複素射影「平面」と呼んだにもかかわらず，4次元である．

これをみるには，$\boldsymbol{P}^2$ を次のふたつの（共通点のない）部分集合に分割すればよい：

$$\boldsymbol{P}^2=A\cup L_\infty,$$

ここに

$$A=\{(Z_1:Z_2:Z_3)\in\boldsymbol{P}^2|Z_3\neq 0\},$$

$$L_\infty=\{(Z_1:Z_2:Z_3)\in\boldsymbol{P}^2|Z_3=0\}.$$

A の各点 $(Z_0:Z_1:Z_2)$ に $\boldsymbol{C}^2=\boldsymbol{C}\times\boldsymbol{C}$ の点

$$(z,w)=(Z_1/Z_3,Z_2/Z_3)$$

を対応させる対応

$$A\longrightarrow\boldsymbol{C}^2$$

は1対1対応である．これでもって A と $\boldsymbol{C}^2$ とを同一視する．こうすると

$$\boldsymbol{P}^2=\boldsymbol{C}^2\cup L_\infty$$

とかける．

一方 L_∞ の点 $(Z_1:Z_2:0)$ に $\widehat{\boldsymbol{C}}=\boldsymbol{P}^1$ の点 $(Z_1:Z_2)$ を対応させる対応

$$L_\infty\longrightarrow\widehat{\boldsymbol{C}}=\boldsymbol{P}^1$$

は1対1対応である．この対応で L_∞ は複素球面と考えられる．

すなわち，$\boldsymbol{P}^2$ は，複素平面の直積である4次元空間 $\boldsymbol{C}^2$ に，複素球面を（無限の彼方に）つけ加えたものである．このことは，$\widehat{\boldsymbol{C}}=\boldsymbol{P}^1$ が複素平面 $\boldsymbol{C}$ に無限遠点 ∞ をつけ加えて出来上っている事に丁度対応している．L_∞ を**無限遠直線**と呼ぶ．

一般に $\boldsymbol{P}^n$ は

$$\boldsymbol{P}^n = \boldsymbol{C}^n \cup H_\infty$$

と書け，H_∞ は $\boldsymbol{P}^{n-1}$ と考えられる．H_∞ は**無限遠超平面**と呼ばれる．

さて，$\boldsymbol{P}^2$ は 4 次元なので，眼に見えない．しかし，その**実部**はながめる事が出来る．実部とは $\boldsymbol{P}^2$ の部分集合

$$\boldsymbol{P}^2(\boldsymbol{R}) = \{(Z_1 : Z_2 : Z_3) \in \boldsymbol{P}^2 \mid Z_1, Z_2, Z_3 \text{は実数}\}$$

の事で，これを**実射影平面**と言う．

これは 2 次元である．実際，$\boldsymbol{P}^2$ の場合と同様に

$$\boldsymbol{P}^2(\boldsymbol{R}) = \boldsymbol{R}^2 \cup l_\infty$$

とかける．ここに $\boldsymbol{R}^2$ は，ふつうの平面，l_∞ は**無限遠実直線**とよばれる．

無限遠にあるのだから，l_∞ は見えるはずがないのだが，我々はしばしば，これを強引に，あたかも見えるごとく，図 4 - 1 のように $\boldsymbol{P}^2(\boldsymbol{R})$ をえがく．

複素射影平面 $\boldsymbol{P}^2$ は，この $\boldsymbol{P}^2(\boldsymbol{R})$ に，さらに虚方向へのふくらみをもたせたものである．

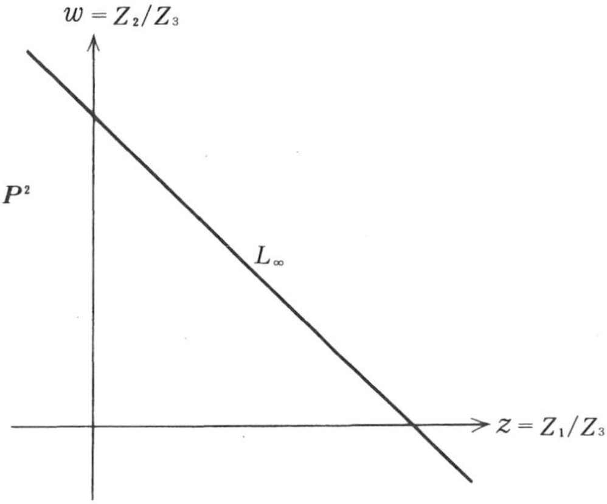

歴史的には，いうまでもなく $\boldsymbol{P}^2$ よりも $\boldsymbol{P}^2(\boldsymbol{R})$ の方が先に考えられた．しかし，代数曲線の本質をとらえるには，$\boldsymbol{P}^2(\boldsymbol{R})$ では不完全で，$\boldsymbol{P}^2$ で考えてこそ全てがうまくゆくのである．ただし，$\boldsymbol{P}^2$ と $\boldsymbol{P}^2(\boldsymbol{R})$ 両者で成立する

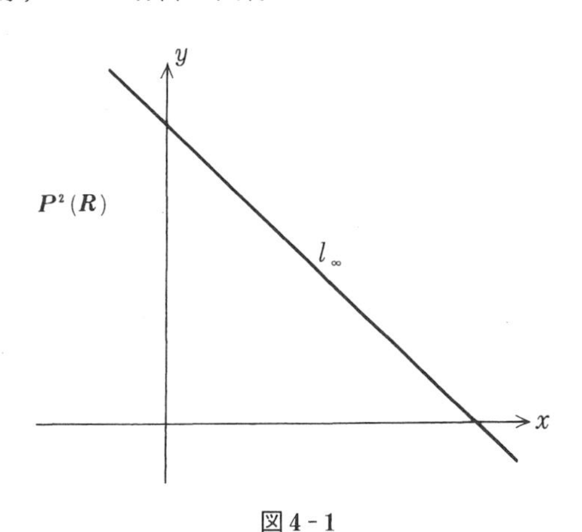

図 4 - 1

$w = Z_2/Z_3$

$\boldsymbol{P}^2$

L_∞

$z = Z_1/Z_3$

図 4 - 2

幾何的命題は多く，眼に見え，直観的推論が出来ると言う点で，$\boldsymbol{P}^2(\boldsymbol{R})$ は便利である．図4－1は $\boldsymbol{P}^2(\boldsymbol{R})$ の図なのだが，我々は強引に，これを $\boldsymbol{P}^2$ の図と考えよう．下の図4－2がそれである．この図は時々用いられる．

§2．$\boldsymbol{P}^2$ 上の直線

$\alpha_1, \alpha_2, \alpha_3$ を少くともひとつはゼロでない複素数として固定する．この時

$$L=\{(Z_1 : Z_2 : Z_3) \in \boldsymbol{P}^2 | \alpha_1 Z_1 + \alpha_2 Z_2 + \alpha_3 Z_3 = 0\}$$

は $\boldsymbol{P}^2$ の部分集合として確定する．(**問3**．なぜか？)

この部分集合を $\boldsymbol{P}^2$ 上の**直線**と言い

$$\alpha_1 Z_1 + \alpha_2 Z_2 + \alpha_3 Z_3 = 0$$

をその**方程式**と言う．

$$L : \alpha_1 Z_1 + \alpha_2 Z_2 + \alpha_3 Z_3 = 0$$

ともあらわす．

$\boldsymbol{P}^2$ 上の直線は $\boldsymbol{P}^2$ に生息する最もそぼくな代数曲線である．

例えば $\alpha_1=0, \alpha_2=0, \alpha_3=1$ とおいた時の L が無限遠直線 L_∞ である：

$$L_\infty : Z_3 = 0.$$

同様に図4－2において z-軸，w-軸もそれぞれ次式で定義される直線である．

$$L_2 : Z_2 = 0, \quad L_1 : Z_1 = 0.$$

この記法に従えば L_∞ は L_3 とかかれるべきで，こうかけば，全て対称的にとりあつかえる．

さて，L_1 と L_2 は，$(0:0:1)$ を，そしてこの一点のみを共有している．L_1 と L_2 とは，この点で**交わる**と言う．このことは一般に言える事で，射影平面上には，平行な二直線と言うものは存在しない：

命題4．1　$\boldsymbol{P}^2$ 上のことなる二直線は，必ず唯一点で交わる．(図4－3)

じっさい，この命題が成立するように，ふつうの平面に，無限遠直線を想定してつけ加えたものが射影平面なのである．射影幾何の本では，たいていこちらから話をすすめる．

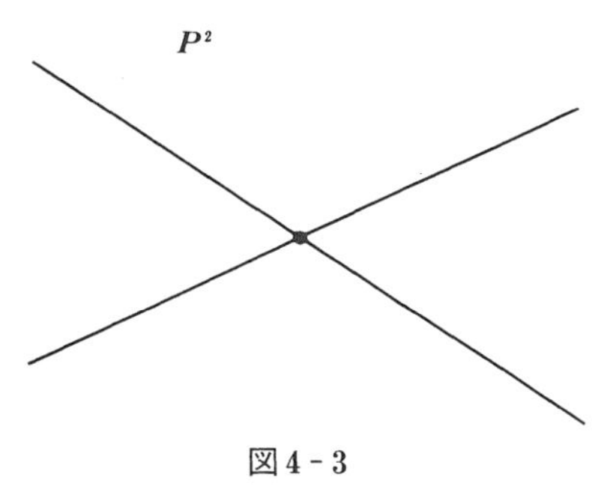

図 4 - 3

命題４．１を証明すべく，二直線の方程式を

$$\left.\begin{aligned}\alpha_1 Z_1+\alpha_2 Z_2+\alpha_3 Z_3=0\\ \beta_1 Z_1+\beta_2 Z_2+\beta_3 Z_3=0\end{aligned}\right\}\qquad\cdots(5)$$

とする．二直線がことなると言う事は

$$\beta_1=\lambda\alpha_1,\quad \beta_2=\lambda\alpha_2,\quad \beta_3=\lambda\alpha_3$$

となるゼロでない複素数 λ が存在しない，と言う事である．(**問４**．なぜか？）言いかえると，行列

$$\begin{pmatrix}\alpha_1 & \alpha_2 & \alpha_3\\ \beta_1 & \beta_2 & \beta_3\end{pmatrix}$$

のランク（位）が２である事を意味する．この時，連立方程式(5)は，ゼロベクトルでない解 (Z_1, Z_2, Z_3) を持ち，他の解はこの解のスカラー倍になる．この事から命題４．１が得られる．（行列の事については，任意の線形代数学の本を参照．たとえば「灘先生の線形代数学講義，現代数学社」を．）

このような行列に関する議論を用いると，次の命題も証明される．

命題４．２　P^2 の任意のことなる二点 p, q に対し，p と q を**とおる**（すなわち，これらを含む）P^2 上の直線が唯一，存在する．（これを $\overline{pq}$ であらわす．）（図４－４）

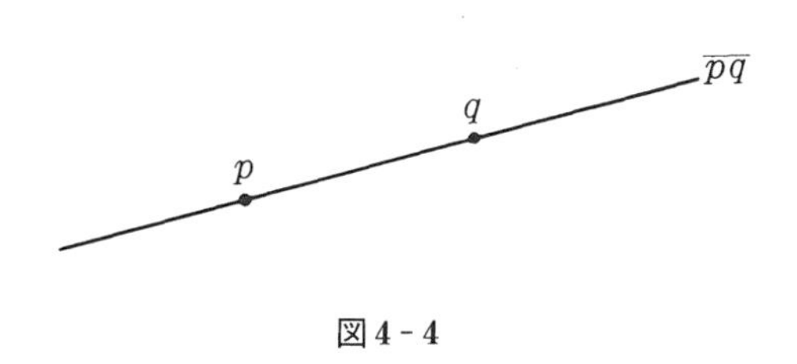

図 4 - 4

命題 4．3　L と L' を $\boldsymbol{P}^2$ 上の二直線とする．($L=L'$ でもよい．) $L(L')$ 上に，任意にことなる三点 p_1, p_2, p_3 (q_1, q_2, q_3) をとる．この時 $\varphi(L)=L'$, $\varphi(p_1)=q_1$, $\varphi(p_2)=q_2$, $\varphi(p_3)=q_3$ となる $\boldsymbol{P}^2$ の射影変換 φ が存在する．(図 4－5)

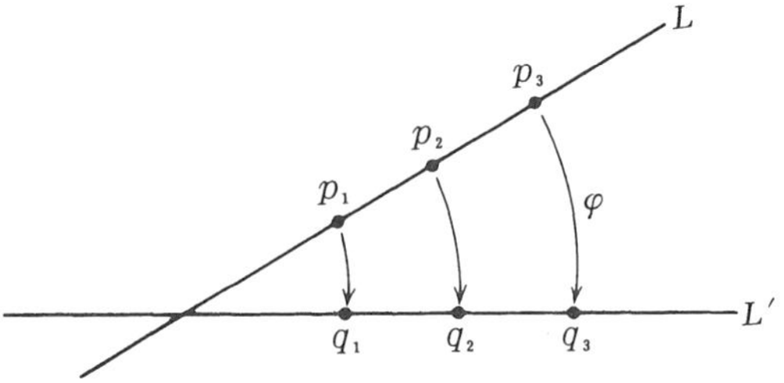

図 4－5

問 5．これらの命題を証明せよ．

特に $\boldsymbol{P}^2$ 上の任意の直線 L は，$\boldsymbol{P}^2$ の射影変換で L_∞ にうつすことが出来る．L_∞ は複素球面 $\hat{\boldsymbol{C}}$ とみなせたので，L も複素球面とみなせる．すなわち，$\boldsymbol{P}^2$ 上の直線は，実は（空間的広がりとしては）球面なのである．4 次元の空間的広がりをもつ $\boldsymbol{P}^2$ 内に，球面が無数につまっていて，それらの任意のふたつは，一点のみでぶつかり合っている．

§3．デザルグの定理とパップスの定理

$\boldsymbol{P}^2$ のことなる点 $p_1, p_2, \cdots, p_m$ $(m \geqq 3)$ が**共線である**とは，これらが同一の直線上にある事である．(図 4－6)

$\boldsymbol{P}^2$ 上のことなる直線 $L_1, L_2, \cdots,$

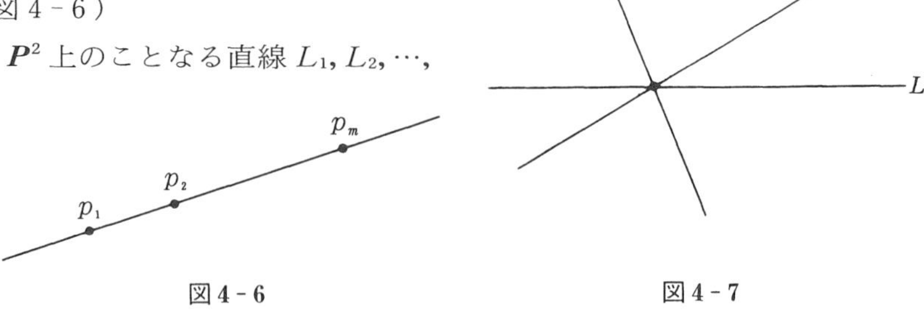

図 4－6　　　図 4－7

L_m $(m \geqq 3)$ が**共点である**とは，これらが同一の点で交わる事である．(図4－7)（**補足4参照**）

次にのべるデザルグの定理は，次回にのべるパスカルの定理と共に，古典的射影幾何における基本定理とよばれた．

定理4．4（デザルグ）　L_1, L_2, L_3 を共点であることなる三直線とし，交点を p_0 とする．L_1 上に p_0 とことなる二点 p_1, q_1 をとる．同様に L_2 上に p_2, q_2, L_3 上に p_3, q_3 をとる．$\overline{p_1p_2}$ と $\overline{q_1q_2}$ の交点を r_3，$\overline{p_2p_3}$ と $\overline{q_2q_3}$ の交点を r_1，$\overline{p_3p_1}$ と $\overline{q_3q_1}$ の交点を r_2 とする．この時，r_1, r_2, r_3 は共線である．(図4－8)

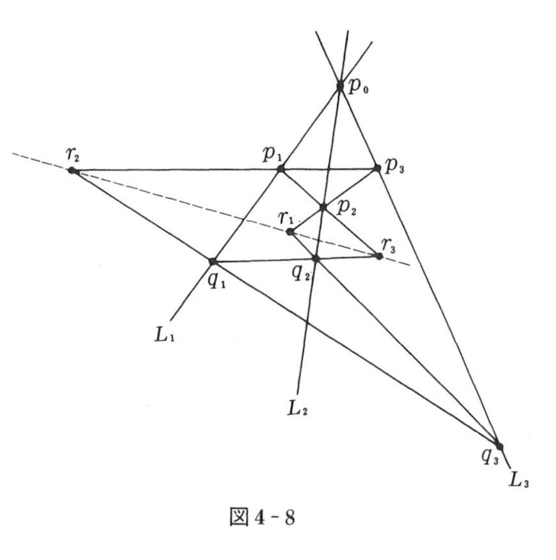

図4－8

この定理をふつうの平面上で述べる事も出来る（し，メネラウスの定理を用いてユークリッド幾何的証明も出来る）が，平行の時の例外がうるさく，上述のようにすっきりとは述べられない．次に述べるパップスの定理も，事情は同様である．

定理4．5（パップス）　$\boldsymbol{P}^2$ 上のことなる二直線 L, L' を任意にとり，その交点を p_0 とする．$L(L')$ 上に p_0 とことなる三点をとり p_1, p_2, p_3 (q_1, q_2, q_3) とする．$\overline{p_1q_2}$ と $\overline{p_2q_1}$ の交点を r_3，$\overline{p_2q_3}$ と $\overline{p_3q_2}$ の交点を r_1，$\overline{p_3q_1}$ と $\overline{p_1q_3}$ の交点を r_2 とする．この時，r_1, r_2, r_3 は共線である．(図4－9)

デザルグの定理及びパップスの定理の証明は，代数的証明や，**配影変換**なるものを巧みに用いる幾何的証明等がある．（**補足5参照**）

問6．代数的証明を試みよ．

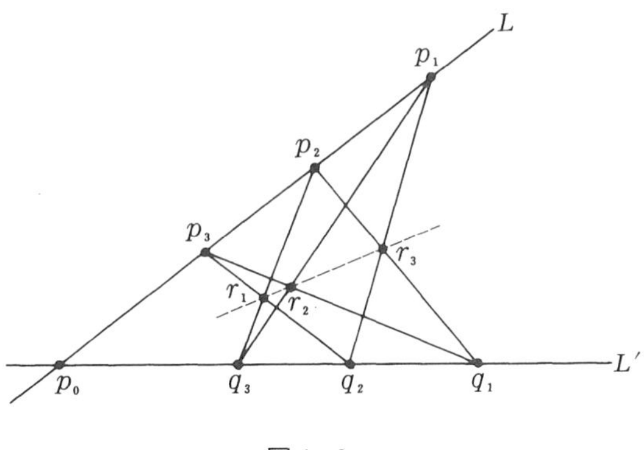

図4－9

デザルグの定理の一番直感的な証明は，大略を言えば，次元をひとつあげて，$\boldsymbol{P}^3$ の中に，図4－10のような図を描いた時，平面 $P=\overline{p_1p_2p_3}$ と $Q=\overline{q_1q_2q_3}$ との交線 L 上に $\overline{p_1p_2}$ と $\overline{q_1q_2}$ の交点 r_3 等がのっている．この全体図形を他の点 r_0 中心に，他の平面 $R=\boldsymbol{P}^2$ へ射影したものが，デザルグの定理である．（こんな荒っぽい説明でわかる人は，たいしたものである．）

パップスの定理は，後に，ある一般的な定理の特別な場合として再出現するであろう．

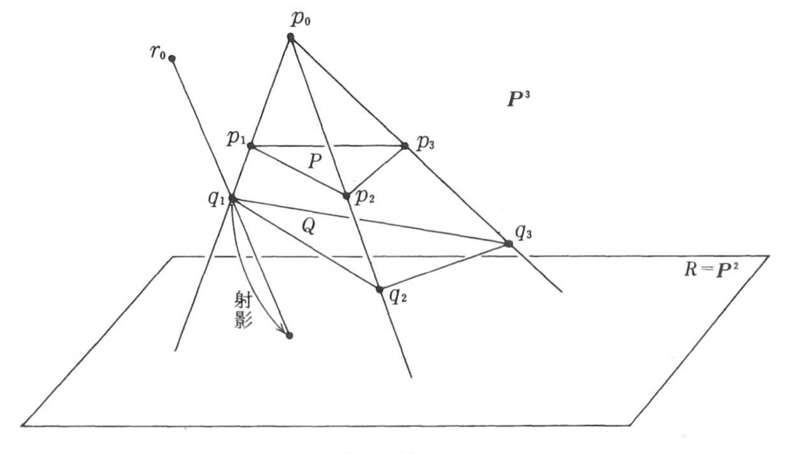

図4－10

§4．双対平面

$\boldsymbol{P}^2$ 上の直線 L が方程式

$$\alpha_1 Z_1 + \alpha_2 Z_2 + \alpha_3 Z_3 = 0$$

で与えられているとする．L に連比$(\alpha_1 : \alpha_2 : \alpha_3)$を対応させる事により，$\boldsymbol{P}^2$ 上の直線全体の集合と，複素射影平面 $\boldsymbol{P}^2$ とは，1対1対応がつけられる．それ故，$\boldsymbol{P}^2$ 上の直線全体の集合は新しい複素射影平面と考えられる．これを元の $\boldsymbol{P}^2$ の**双対（そうつい）平面**と言い，$(\boldsymbol{P}^2)^*$ であらわす．

$(\boldsymbol{P}^2)^*$ の点とは，$\boldsymbol{P}^2$ の直線である．一方，$(\boldsymbol{P}^2)^*$ の直線とは，$\boldsymbol{P}^2$ のある固定点 p をとおる $\boldsymbol{P}^2$ 上の直線全体の集合である．（図 4 -11）

この集合を p と同一視すると，結局 $(\boldsymbol{P}^2)^*$ 上の直線とは $\boldsymbol{P}^2$ の点である．すなわち

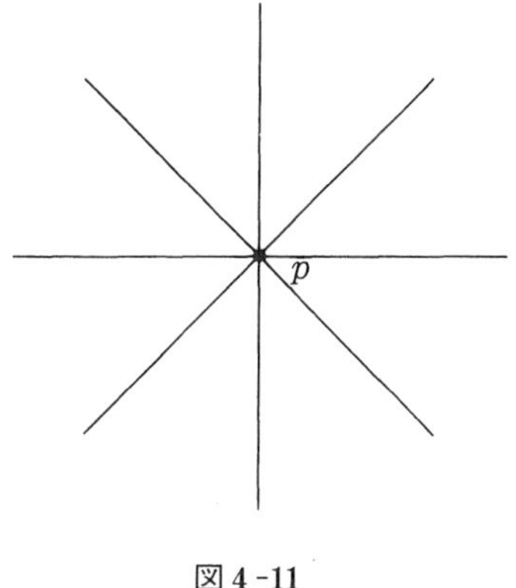

図 4 -11

命題 4．6　$(\boldsymbol{P}^2)^*$ の双対平面は $\boldsymbol{P}^2$ である．すなわち，$((\boldsymbol{P}^2)^*)^* = \boldsymbol{P}^2$．

$(\boldsymbol{P}^2)^*$ の点が共線とは，$\boldsymbol{P}^2$ の直線が共点である，と言う事であり，$(\boldsymbol{P}^2)^*$ の直線が共点とは，$\boldsymbol{P}^2$ の点が共線である，と言う事である．

$\boldsymbol{P}^2$ の点と直線に関する命題を $(\boldsymbol{P}^2)^*$ の直線と点に関する命題におきかえ，$(\boldsymbol{P}^2)^*$ を $\boldsymbol{P}^2$ と思えば，$\boldsymbol{P}^2$ における新しい命題が得られる．これを元の命題の**双対命題**と言う．

問 7．デザルグの定理及びパップスの定理の双対命題を述べよ．

次回は，二次曲線に関する古典的射影幾何を紹介する．

5. 華麗な二次曲線の射影幾何

§1. 前回の復習

前回の復習をざっとやってみよう．複素数の連比 $(Z_1:Z_2:\cdots:Z_{n+1})$ 全体の集合 $\boldsymbol{P}^n$ を，n 次元複素射影空間と呼んだ．($Z_1, Z_2, \cdots, Z_{n+1}$ を(複素)変数とみる事により，$(Z_1:Z_2:\cdots:Z_{n+1})$ を $\boldsymbol{P}^n$ の**斉次座標系**と言う．)特に $\boldsymbol{P}^2$ を複素射影平面と呼んだ．その座標変換とも言うべき $\boldsymbol{P}^2$ の射影変換とは，次式で与えられる自分自身への1対1双連続写像である：

$$\varphi:(Z_1:Z_2:Z_3)\longmapsto(W_1:W_2:W_3)=(\alpha_1Z_1+\alpha_2Z_2+\alpha_3Z_3: \beta_1Z_1+\beta_2Z_2+\beta_3Z_3:\gamma_1Z_1+\gamma_2Z_2+\gamma_3Z_3)\cdots(1)$$

ここに

$$\begin{pmatrix}\alpha_1 & \alpha_2 & \alpha_3\\ \beta_1 & \beta_2 & \beta_3\\ \gamma_1 & \gamma_2 & \gamma_3\end{pmatrix}$$

は任意の3次複素正則行列である．

複素係数の斉次一次式 $F=\alpha_1Z_1+\alpha_2Z_2+\alpha_3Z_3$ の零点集合

$$L=\{(Z_1:Z_2:Z_3)\in\boldsymbol{P}^2|\alpha_1Z_1+\alpha_2Z_2+\alpha_3Z_3=0\}$$

を $\boldsymbol{P}^2$ 上の直線と呼ぶ．これは複素球面 $\widehat{\boldsymbol{C}}\ (=\boldsymbol{P}^1)$ と，(空間的拡がりとしては) 同じである．$\boldsymbol{P}^2$ の方は，空間的拡がりとしては，4次元である．

ここで，前回言い忘れた次の命題を述べる．

命題5.1 どの3点も一直線上にない $\boldsymbol{P}^2$ のことなる4点 p_1, p_2, p_3, p_4 と，同様の q_1, q_2, q_3, q_4 に対して，$\varphi(p_1)=q_1$, $\varphi(p_2)=q_2$, $\varphi(p_3)=q_3$, $\varphi(p_4)=q_4$ となる $\boldsymbol{P}^2$ の射影変換 φ が唯一存在する．

問1．この命題を証明せよ．

§2．二次曲線

複素係数の斉次二次式

$$F(Z_1, Z_2, Z_3)=\sum_{j,k=1}^{3} a_{jk}Z_jZ_k \qquad (a_{jk}=a_{kj})$$
$$=a_{11}Z_1^2+2a_{12}Z_1Z_2+2a_{13}Z_1Z_3+a_{22}Z_2^2$$
$$+2a_{23}Z_2Z_3+a_{33}Z_3^2 \qquad \cdots(2)$$

の零点集合

$$C=\{(Z_1:Z_2:Z_3)\in \boldsymbol{P}^2 | F(Z_1, Z_2, Z_3)=0\}$$

を**二次曲線**と呼ぶ．（λ を 0 でない任意の複素数とする時，

$$F(\lambda Z_1, \lambda Z_2, \lambda Z_3)=\lambda^2 F(Z_1, Z_2, Z_3)$$

故，C は $\boldsymbol{P}^2$ の部分集合として確定する．）英語では，可愛らしく conic（コニック）と呼ぶ．私もそう呼びたいのだが，耳なれない言葉に拒否反応を起されると困るので，がまんする事にする．

$$C : F=0$$

とも略記し，$F=0$ を **C の方程式**と言う．

代数学によれば，F は多項式として既約であるか，または可約で

$$F=F_1\cdot F_2$$

と斉次一次式 F_1，F_2 の積に（定数倍をのぞき，ただひととおりに）分解される．前者の場合，C を**既約二次曲線**と呼び，後者の場合は，**可約二次曲線**と呼ぶ．後者の場合，C は二直線

$L_1 : F_1=0$，$L_2 : F_2=0$

の和集合である．（図5-1）

ただし，F_1 と F_2 とが定

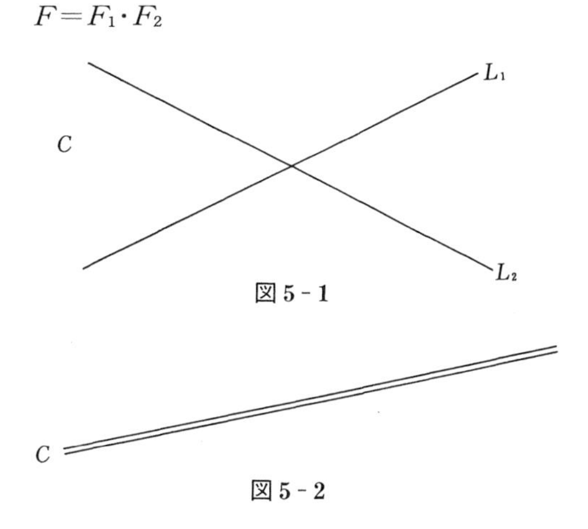

図5-1

図5-2

数倍をのぞいて一致し，従って $L_1=L_2$ の時は，C は点集合としては直線 L_1 と一致しているが，我々はこれを**二重直線**と考えて，L_1 と区別しよう．（図 5 - 2）

問 2．C が既約であるための必要十分条件は，(2)の係数より作られる対称行列の行列式

$$\begin{vmatrix} \alpha_{11} & \alpha_{12} & \alpha_{13} \\ \alpha_{21} & \alpha_{22} & \alpha_{23} \\ \alpha_{31} & \alpha_{32} & \alpha_{33} \end{vmatrix}$$

が 0 とならない事である事を証明せよ．

既約な二次曲線 C こそ，我々が通常，二次曲線，又は円錐曲線と呼んでいるものである．それは，高校で学んだように，楕円（特別な場合として円），双曲線，放物線に分類される．（図 5 - 3）

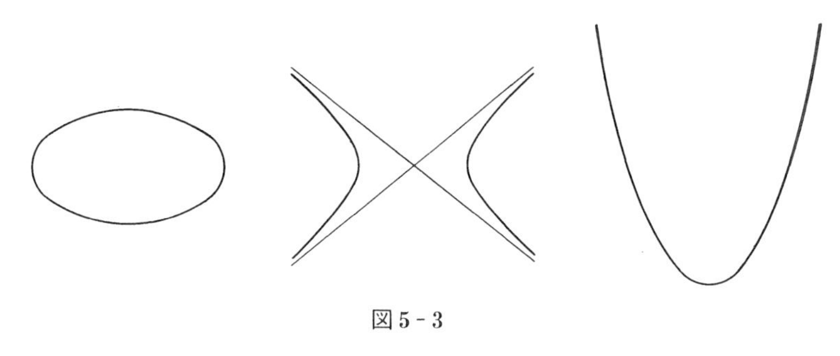

図 5 - 3

例えば，楕円

$$x^2+4y^2-1=0$$

を $\boldsymbol{P}^2$ の二次曲線とみるには，

$$x=Z_1/Z_3, \quad y=Z_2/Z_3$$

とおいて代入し，

$$(Z_1/Z_3)^2+4(Z_2/Z_3)^2-1=0$$

の分母を払えばよい：

$$C：Z_1^2+4Z_2^2-Z_3^2=0$$

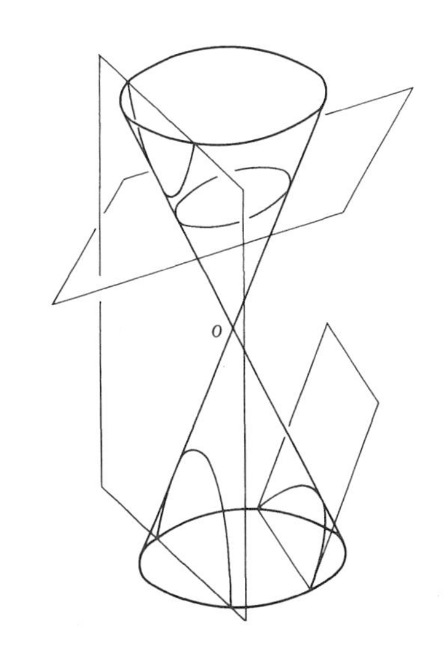

図5－4

これら楕円，双曲線，放物線は，ユークリッド幾何的に見ると，まるで違うように見えるが，射影幾何的に見ると，どれも同種の曲線である．実際これらは，円錐曲線と言う名の由来どおり，円錐をさまざまな平面で切った切り口としてあらわれる．（図5－4）

言いかえると，円錐の頂点o中心の**射影**（光源を点oに置いて，ひとつの平面の図形を他の平面に影として写す事）によって，これらが互いに写され得る，と言う事である．**射影幾何学**とは，ひとことで言えば，このような射影によって（あるいは，より広義に解釈して，$\boldsymbol{P}^2$ または $\boldsymbol{P}^n$ の射影変換によって）不変な図形の性質を研究する学問である．

ところで，ふつうの (x, y)-平面においては，集合

$$\{(x, y)|x^2+y^2+1=0\}$$

は空集合であるが，$\boldsymbol{P}^2$ でみると，（$x=Z_1/Z_3$，$y=Z_2/Z_3$ とおいて）立派な既約二次曲線

$$C : Z_1^2+Z_2^2+Z_3^2=0$$

である．つまり，この C は，我々の眼には見えない虚方向にひそんでいるのである．実射影平面でなく，複素射影平面 $\boldsymbol{P}^2$ を考える理由のひとつが，これである．

$\boldsymbol{P}^2$ においては，次の命題が成立し，既約二次曲線は，どれも同種とわかる．

命題5.2　C，C' を $\boldsymbol{P}^2$ の任意の既約二次曲線とする時，$\varphi(C)=C'$ となる $\boldsymbol{P}^2$ の射影変換 φ が存在する．

この命題の証明は後述するとして，なお，次の事に注意する．

二次曲線 C が方程式(2)で与えられる時，対応

$$C \longmapsto (\alpha_{11} : \alpha_{12} : \alpha_{13} : \alpha_{22} : \alpha_{23} : \alpha_{33})$$

でもって，二次曲線全体の集合が，$\boldsymbol{P}^5$ と同一視され得る．

命題５．３　$\boldsymbol{P}^2$ 上に，任意の５点 p_1, p_2, p_3, p_4, p_5 を与える時，これら全てをとおる二次曲線 C が存在する．これらの点のうち少くとも４点が一直線上にないかぎり，C は唯一に決まる．（図５－５）

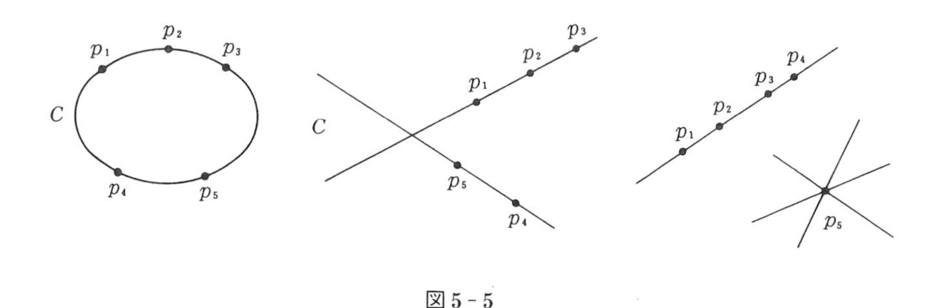

図５－５

問３．この命題を証明せよ．

§３．ポンスレーの双対原理

C を上述の方程式(2)で与えられる既約二次曲線とする．以下，これを固定して考える．

命題５．４　L を $\boldsymbol{P}^2$ 上の任意の直線とする時，C と L との交点は，一点，または二点である．

証明　座標変換して

$$L : Z_3 = 0$$

としてよい．(2)において，$Z_3=0$ とおいて，方程式

$$\alpha_{11}Z_1^2+2\alpha_{12}Z_1Z_2+\alpha_{22}Z_2^2=0 \qquad \cdots(3)$$

を考える．C は既約故，$\alpha_{11}, \alpha_{12}, \alpha_{22}$ のうち，どれかひとつはゼロでない．(全てゼロなら，C は L を含み，可約になってしまう．) この方程式の二組の解 (Z_1, Z_2)，(Z_1', Z_2') が C と L との交点 $(Z_1 : Z_2 : 0)$，$(Z_1' : Z_2' : 0)$ を与える．これらの点が一致するのは，(3)において，判別式がゼロ：

$$\alpha_{12}^2-\alpha_{11}\alpha_{22}=0$$

となる事である．　**証明終り．**

C と L の交点が二点の時，L は C の**割線**と言い，一点の時は，**接線**と言う．後者の場合，交点を**接点**と言う．(図5－6．この図における右端の C と L とは，虚の二点で交わっている．)

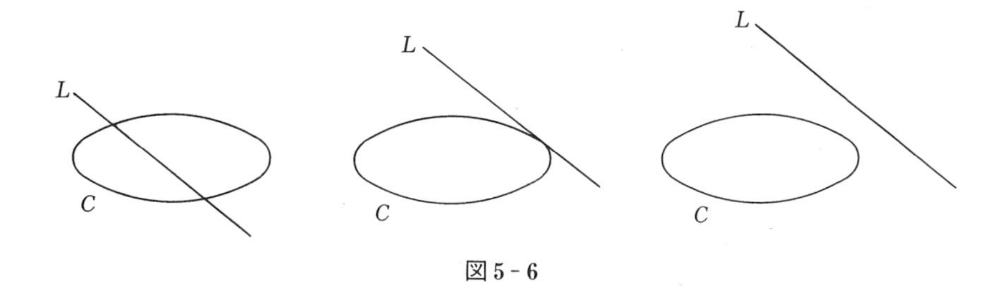

図5－6

命題5．5　(イ)　C 上の点 $p=(\beta_1 : \beta_2 : \beta_3)$ を接点とする接線は唯一であり，その方程式は

$$\sum_{j,k=1}^{3}\alpha_{jk}\beta_jZ_k=0$$

で与えられる．(ロ)　C 外の点 p を通る C への接線は，ちょうど二本存在する．(図5－7)

問4．この命題を証明せよ．

ここで命題5．2の略証を与えよう．任意の既約な二次曲線 C に対し，$\varphi(C)=C_0$ となる射影変換 φ がある事を言えばよい．ここに

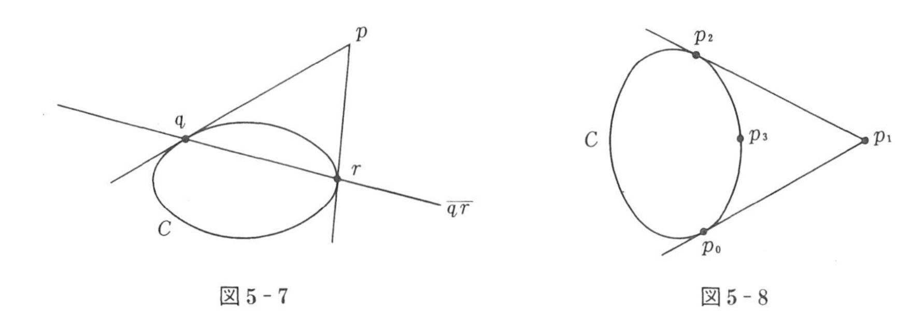

図５－７　　　　　　　　　　　　　図５－８

$$C_0 : Z_2Z_3 - Z_1^2 = 0$$

そのために，C 上に，ことなる３点 p_0, p_2, p_3 をとる．p_0 での接線と，p_2 での接線の交点を p_1 とする．（図５－８）

命題５．１より

$$\varphi(p_0) = (0 : 0 : 1),\quad \varphi(p_1) = (1 : 0 : 0),$$
$$\varphi(p_2) = (0 : 1 : 0),\quad \varphi(p_3) = (1 : 1 : 1)$$

となる射影変換 φ が（唯一）存在する．この時 $\varphi(C) = C_0$ がわかる．かくして命題５．２が証明された．

さて，C 外の点 p に対し，命題５．５の(ロ)の，二接線の接点を q，r とし，q と r を結ぶ直線 $\overline{qr}$ を，p の（C に関する）**極線**と言い，逆に，p を直線 $\overline{qr}$ の**極**と言う．（図５－７．）一方，p が C 上の点である時は，p を接点とする接線 L を，p の**極線**と言い，逆に p を L の**極**と言う．

命題５．６　$p = (\beta_1 : \beta_2 : \beta_3)$ の極線の方程式は，次で与えられる．

$$\sum_{j,k=1}^{3} \alpha_{jk}\beta_j Z_k = 0 \qquad \cdots(4)$$

証明　p が C 上の点なら，この事は命題５．５の(イ)に他ならない．p を C 外の点とする．p をとおる C への二接線の接点を，それぞれ $q = (\delta_1 : \delta_2 : \delta_3)$，$r = (\varepsilon_1 : \varepsilon_2 : \varepsilon_3)$ とすると，二接線の方程式は，それぞれ

$$\sum_{j,k=1}^{3} \alpha_{jk}\delta_j Z_k = 0,\quad \sum_{j,k=1}^{3} \alpha_{jk}\varepsilon_j Z_k = 0$$

で与えられる．これら二接線が p をとおるので

$$\sum_{j,k=1}^{3}\alpha_{jk}\delta_j\beta_k=0,\quad \sum_{j,k=1}^{3}\alpha_{jk}\varepsilon_j\beta_k=0 \qquad \cdots(5)$$

となる．さて，直線

$$L：\sum_{j,k=1}^{3}\alpha_{jk}\beta_j Z_k=0$$

を考えると，($\alpha_{jk}=\alpha_{kj}$ 故) これは(5)より q と r をとおり，従って

$$L=\overline{qr}$$

証明終り．

問5．点 p の極線上に点 q をとると，p は q の極線上にある事を示せ．（図5－9）

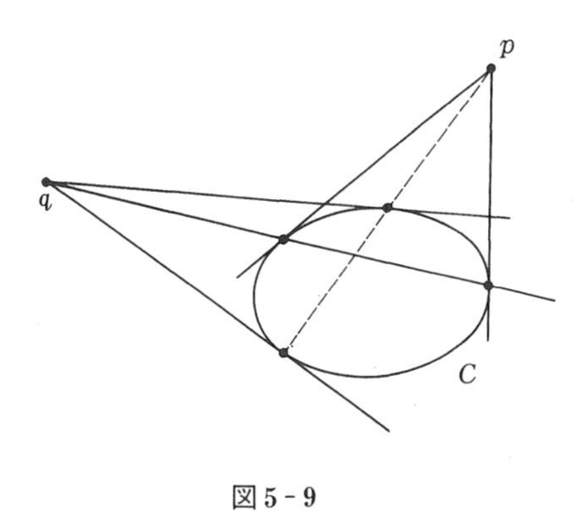

図5－9

前回のべたように，$\boldsymbol{P}^2$ 上の直線全体の集合 $(\boldsymbol{P}^2)^*$ は双対平面と呼ばれ，(直線 $L：\alpha_1Z_1+\alpha_2Z_2+\alpha_3Z_3=0$ に $(\alpha_1：\alpha_2：\alpha_3)$ を対応させる事により) $\boldsymbol{P}^2$ と1対1に対応している．$((\boldsymbol{P}^2)^*)^*=\boldsymbol{P}^2$ と考えてよい．

命題5．7　$\boldsymbol{P}^2$ の各点 p に，その極線 L を対応させる対応 $\psi：p\longmapsto L$ は $\boldsymbol{P}^2$ から $(\boldsymbol{P}^2)^*$ への射影変換である．

この命題の意味は，$\boldsymbol{P}^2$，$(\boldsymbol{P}^2)^*$ の斉次座標系をそれぞれ $(Z_1：Z_2：Z_3)$，$(W_1：W_2：W_3)$ とする時，これらを用いると，対応 $p\longmapsto L$ が(1)の形の式で与えられる，と言う事である．

実際，命題5．6により，この対応は

$$\psi：(Z_1：Z_2：Z_3)\longmapsto\left(\sum_{j=1}^{3}\alpha_{j1}Z_j：\sum_{j=1}^{3}\alpha_{j2}Z_j：\sum_{j=1}^{3}\alpha_{j3}Z_j\right)$$

で与えられるので，射影変換である．

さて，$\psi(C)$ は C の接線全体から成り，$(\boldsymbol{P}^2)^*$ における既約二次曲線である．$\psi(C)$ について，同様の写像 ψ^* を作ると

$$\psi^* : (\boldsymbol{P}^2)^* \longmapsto ((\boldsymbol{P}^2)^*)^* = \boldsymbol{P}^2$$

は，ψ の逆写像である事が容易にわかる．かくして

原理　既約二次曲線 C と，いくつかの直線と点に関する命題に対し，直線をその極に，点をその極線にかえて，新しい命題を得る．これを前命題の（C に関する）**双対命題**と言う．

無論，初めに与えられた命題が正しければ，その双対命題も正しいのである．この原理を，**ポンスレーの双対原理**と呼ぶ．ポンスレー (Poncelet, 1788–1867) は，フランス陸軍士官で，ナポレオンに従ってロシアに遠征し，捕虜となり，極寒の牢獄でこの双対原理を発見した，と言われている．射影幾何学の創始者の一人である．

実例を述べよう．

定理5．8　p_1, p_2, p_3 を既約二次曲線 C 上の，ことなる3点とする．（この時，三角形 $\triangle p_1p_2p_3$ は C に**内接する**と言う．）p_1, p_2, p_3 での C への接線を，それぞれ T_1, T_2, T_3 とする．T_1 と $\overline{p_2p_3}$ の交点を q_1，T_2 と

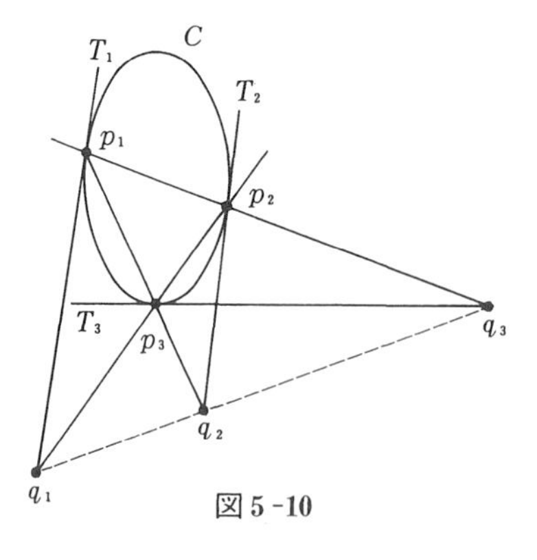

図5-10

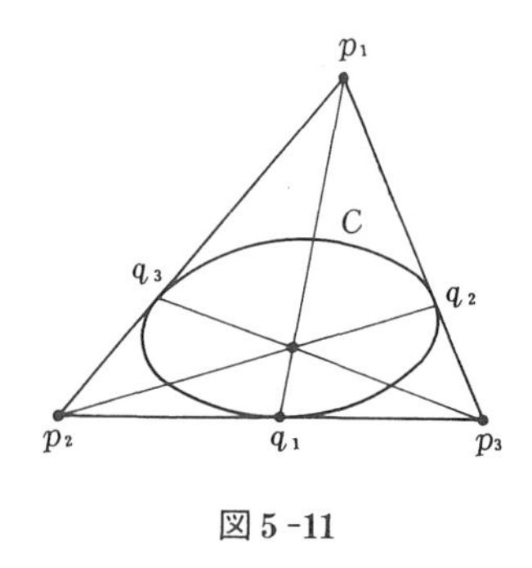

図5-11

$\overline{p_3p_1}$ の交点を q_2，T_3 と $\overline{p_1p_2}$ の交点を q_3 とする時，q_1, q_2, q_3 は，一直線上にある．（図 5-10）

この定理の双対命題は

定理 5．8*　三角形 $\triangle p_1p_2p_3$ が既約二次曲線 C に**外接**しているとする．$\overline{p_2p_3}, \overline{p_3p_1}, \overline{p_1p_2}$ と C との接点をそれぞれ q_1, q_2, q_3 とすると，$\overline{p_1q_1}, \overline{p_2q_2}, \overline{p_3q_3}$ は一点に会する．（図 5-11）

他の例として

定理 5．9　p_1，p_2，p_3，p_4 を既約二次曲線 C 上の，ことなる 4 点とする．すなわち，四角形 $p_1p_2p_3p_4$ が C に内接しているとする．$j=1,2,3,4$ に対して T_j を p_j での C への接線とする．q_1 を $\overline{p_1p_2}$ と $\overline{p_3p_4}$ の交点，q_2 を $\overline{p_1p_4}$ と $\overline{p_2p_3}$ の交点，q_3 を T_1 と T_3 の交点，q_4 を T_2 と T_4 の交点とする．この時，q_1, q_2, q_3, q_4 は一直線上にある．（図 5-12）

この定理の双対命題は

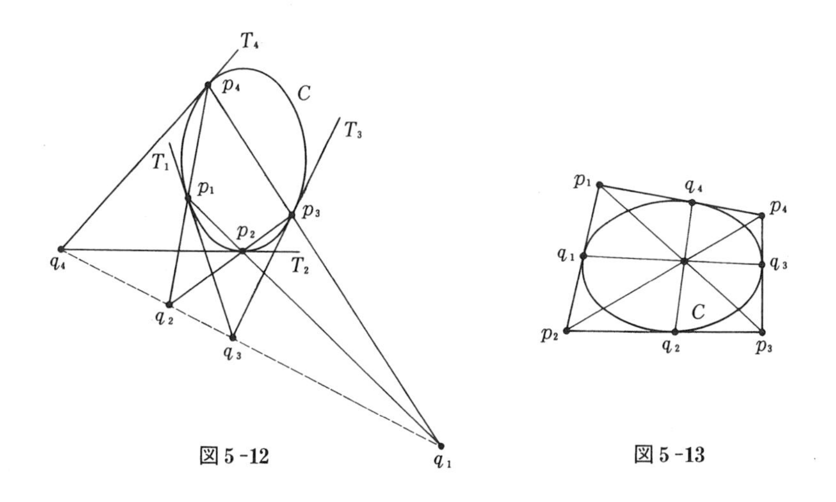

図 5-12　　図 5-13

定理 5．9* 四角形 $p_1p_2p_3p_4$ が既約二次曲線 C に外接しているとし，$\overline{p_1p_2}$, $\overline{p_2p_3}$, $\overline{p_3p_4}$, $\overline{p_4p_1}$ と C との接点を，それぞれ q_1, q_2, q_3, q_4 とすると，4 直線 $\overline{p_1p_3}$, $\overline{p_2p_4}$, $\overline{q_1q_3}$, $\overline{q_2q_4}$ は一点に会する．（図 5－13）

定理 5．8 は，次に述べるパスカルの定理の特別（極限）の場合とみれる．定理 5．9 も，パスカルの定理の特別な場合を二重に組み合わせたものである．

§4．パスカルの定理

次のパスカルの定理は，哲学者パスカルが16才の時に発見したもので，古典的射影幾何の基本定理と呼ばれている．

定理 5．10　**（パスカル）**　既約二次曲線 C に内接する六角形 $p_1p_2p_3p_4p_5p_6$ の三組の対辺の交点は，一直線上にある．（図 5－14）

証明　幾何的証明は準備が必要なので，ここでは代数的証明を与えよう．（幾何的証明については**補足 6 参照．**）

$\overline{p_1p_2}$ と $\overline{p_4p_5}$ の交点を q_1，$\overline{p_2p_3}$ と $\overline{p_5p_6}$ の交点を q_2，$\overline{p_3p_4}$ と $\overline{p_6p_1}$ の交点を q_3 とおく．直線 $\overline{p_jp_k}$ の方程式を $F_{jk}=0$ とする：

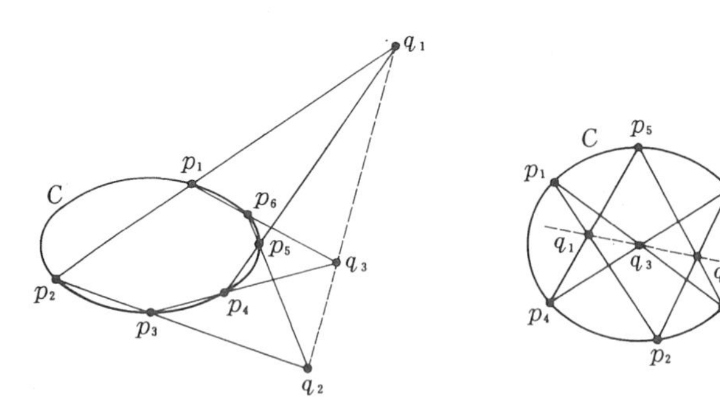

図 5－14

$$\overline{p_jp_k}：F_{jk}=0$$

ここに F_{jk} は斉次一次式である．α を定数として，斉次二次式

$$F_{12}F_{34}-\alpha F_{23}F_{14}$$

を考え，これに対応する二次曲線

$$C'：F_{12}F_{34}-\alpha F_{23}F_{14}=0$$

を考える．C' は p_1, p_2, p_3, p_4 をとおる．実際

$$F_{12}(p_1)F_{34}(p_1)-\alpha F_{23}(p_1)F_{14}(p_1)=0-0=0$$

故，C' は p_1 をとおる．p_2, p_3, p_4 についても同様である．

今，α として特に

$$\alpha=F_{12}(p_5)F_{34}(p_5)/F_{23}(p_5)F_{14}(p_5)$$

とすると，C' は p_5 もとおる．故に命題５．３により

$$C'=C$$

となる．

同様に，β を定数として，二次曲線

$$C''：F_{45}F_{16}-\beta F_{56}F_{14}=0$$

を考えると，これは p_1, p_4, p_5, p_6 をとおり，特に

$$\beta=F_{45}(p_2)F_{16}(p_2)/F_{56}(p_2)F_{14}(p_2)$$

とおくと，C'' は p_2 もとおり，従って

$$C''=C$$

となる．

それ故，ふたつの斉次二次式

$$F_{12}F_{34}-\alpha F_{23}F_{14} \text{ と } F_{45}F_{16}-\beta F_{56}F_{14}$$

は，定数倍をのぞき一致する．従って（F_{45} と F_{56} を適当に定数倍でおきかえる事により）多項式として

$$F_{12}F_{34}-\alpha F_{23}F_{14}=F_{45}F_{16}-\beta F_{56}F_{14}$$

と仮定してよい．

この式を変形して

$$F_{12}F_{34}-F_{45}F_{16}=F_{14}(\alpha F_{23}-\beta F_{56})$$

今，二次曲線

$$D：F_{12}F_{34}-F_{45}F_{16}=0$$

を考えると，これはあきらかに p_1, p_4 をとおる．また

$$F_{12}(q_1)=F_{45}(q_1)=0, \quad F_{34}(q_3)=F_{16}(q_3)=0$$

故，D は q_1, q_3 をとおる．ところが上の等式より

$$D : F_{14}(\alpha F_{23}-\beta F_{56})=0$$

でもあるので，D は可約で，二直線

$$\overline{p_1p_4} : F_{14}=0 \quad と \quad L : \alpha F_{23}-\beta F_{56}=0$$

の和集合である．q_1, q_3 は(D 上にあって，$\overline{p_1p_4}$ 上にないので) L 上にある．また

$$F_{23}(q_2)=F_{56}(q_2)=0$$

故，q_2 も L 上にある．　　**証明終り．**

定理５．８は，パスカルの定理において，p_2, p_4, p_6 が，それぞれ，p_1，p_3，p_5 に限りなく近づいた極限の場合と考えられる．証明も同様に出来る．

定理５．10は C が既約でなく，可約な(ことなる)二直線からなっていても成立する．(証明も同様である．) これが前回のべた，パップスの定理である．(図５-15)

パスカルの定理の双対命題は，次のブリアンションの定理として知られている．

定理５．10*　(ブリアンション)　六角形 $p_1p_2p_3p_4p_5p_6$ が既約二次曲線

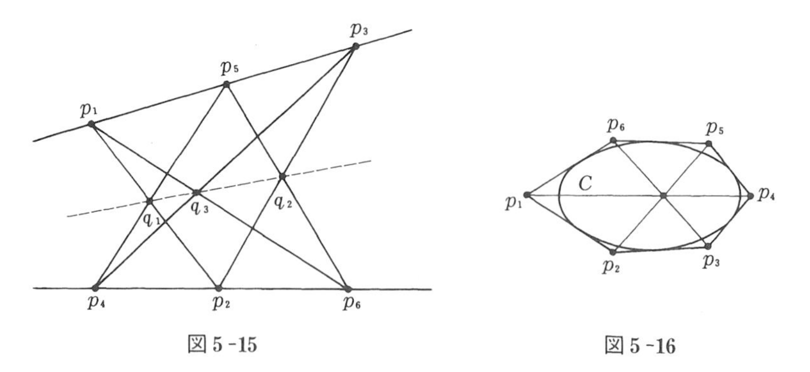

図５-15　　図５-16

C に外接している時，$\overline{p_1p_4}$，$\overline{p_2p_5}$，$\overline{p_3p_6}$ は一点に会する．（図 5 -16）

以上で見たように，射影幾何的命題は，長さや角の大きさに無関係に，「いくつかの点が，ある直線（曲線）上にある」と言ったような，いわゆる**結合関係**に関するものである．それ故，既約二次曲線に関する射影幾何的命題を実射影平面上の命題として証明するのに，円についてのユークリッド幾何的証明をおこなった後，これを他の平面に射影してやればよい．パスカルの定理のパスカル自身による原証明は，これであった．（彼の，円の場合のユークリッド幾何的証明は，高校生をうならせる鮮かなものである．**補足 7 参照**）上述の他の命題も，この方法で証明出来る．幾何の好きな読者は，ぜひ試みられたい．

6. 代数曲線の奇妙な特異点

§1. 代数曲線の定義

前回の話は，複素数の連比 $(Z_0 : Z_1 : Z_2)$ 全体の集合である複素射影平面 $\boldsymbol{P}^2$ 上の，点と直線と二次曲線の織りなす射影幾何についてであった．今回からは，いよいよ，この大草原 $\boldsymbol{P}^2$ に生息する一般の代数曲線の性質と，その射影幾何を論じよう．

初めに，$\boldsymbol{P}^2$ 上の代数曲線を定義する．$\boldsymbol{P}^2$ 上の直線（一次曲線），二次曲線は，それぞれ，三変数の斉次一次式 $F(Z_1, Z_2, Z_3)$，斉次二次式 $G(Z_1, Z_2, Z_3)$ の零点集合

$$\{(Z_1 : Z_2 : Z_3) \in \boldsymbol{P}^2 | F(Z_1, Z_2, Z_3) = 0\},$$
$$\{(Z_1 : Z_2 : Z_3) \in \boldsymbol{P}^2 | G(Z_1, Z_2, Z_3) = 0\}$$

として定義された $\boldsymbol{P}^2$ の部分集合であった．これらを一般化して，n 次代数曲線が定義される．すなわち，$\boldsymbol{P}^2$ 上の **n 次代数曲線**（又は簡単に **n 次曲線**）とは，三変数の斉次 n 次式 $H(Z_1, Z_2, Z_3)$ の零点集合

$$C = \{(Z_1 : Z_2 : Z_3) \in \boldsymbol{P}^2 | H(Z_1, Z_2, Z_3) = 0\}$$

として定義される $\boldsymbol{P}^2$ の部分集合の事である．

問1．右辺が $\boldsymbol{P}^2$ の部分集合として確定する事をチェックせよ．

$$H(Z_1, Z_2, Z_3) = 0$$

を C の**方程式**とよび，この方程式をもって C をあらわしたり，

$$C : H = 0$$

と書いたりする．n を代数曲線 C の**次数**と言う．例えば

$$C : Z_3Z_2^2 - Z_1(Z_1 - Z_3)(Z_1 - 2Z_3) = 0 \quad \cdots(1)$$

は，三次曲線である．

かくて，代数曲線が定義されたのだが，読者の中には，この定義をむずかしすぎると，不快に思われる方がおられよう．実際，あくまでも素朴に，代数曲線を定義するとすれば，それはふつうの (x, y)-平面上，多項式 $f(x, y)$ の零点集合

$$\{(x, y) | f(x, y) = 0\}$$

(簡単のため，この集合を $f(x, y) = 0$ と略記する．) とするべきであろう．そうしてこそ，眼に見え，取り扱いやすく，そしてそれはまさしく「曲線」である．例えば

$$y^2 - x(x-1)(x-2) = 0 \quad \cdots(2)$$

は，図6-1のような曲線である．

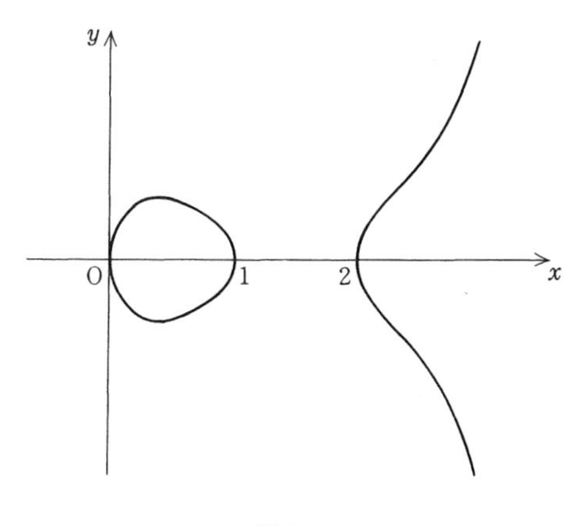

図6-1

しかも，前回に述べた如く，複素射影平面 $\boldsymbol{P}^2$ は，空間的拡がりとしては，4次元である．その部分集合としての代数曲線は，空間的拡がりとしては，2次元である．従って，これを「曲線」と呼ぶのは，おかしいではないか——と言う疑問が生ずる．

しかし，正当な理由があるのである．$\boldsymbol{P}^2$ の中で考えてこそ，全て，つじつまが合い，理論が美しく整合する．それは，以下に述べる事から，おいおいわかるであろう．

素朴な曲線，例えば(2)から $\boldsymbol{P}^2$ 上の代数曲線を得るには，次のようにおこなう．

$$x = Z_1/Z_3,\ y = Z_2/Z_3$$

とおいて(2)に代入：

$$(Z_2/Z_3)^2 - (Z_1/Z_3)(Z_1/Z_3 - 1)(Z_1/Z_3 - 2) = 0,$$

して分母を払い，

$$Z_3Z_2^2-Z_1(Z_1-Z_3)(Z_1-2Z_3)=0$$

すなわち，三次曲線(1)を得る．言いかえれば，(2)は，代数曲線(1)の一部分（これを**実部**と呼ぼう．正確には，**実アファイン部分**とよぶ．）でしかない．本体は虚方向にかくれているのである．

それどころか，例えば

$$x^4+y^4+1=0$$

は，ふつうの (x, y)-平面上では，空集合である．しかし

$$x=Z_1/Z_3,\ y=Z_2/Z_3$$

とおいて代入し，分母を払うと，立派な $\boldsymbol{P}^2$ 上の四次曲線

$$Z_1^4+Z_2^4+Z_3^4=0$$

が得られる．この場合は，虚方向にひそんでいて，姿を全く見せていないのである．

それにもかかわらず，代数曲線の実部がふつうの曲線の時は，その曲線が，本体である $\boldsymbol{P}^2$ の代数曲線の特徴を表現している事が多い．（例外もあるが．）そのため，例えば図 6 - 1 のような実部の図を描いて，これが $\boldsymbol{P}^2$ 上の代数曲線(1)であると（強引に）考える事がしばしばある．

なお，斉次 n 次式 $F(Z_1, Z_2, Z_3)$ が実係数（係数が全て実数）の時，代数曲線 $C:F=0$ の実部の曲線の方程式 $f(x, y)=0$を得るには，単に

$$f(x, y)=F(x, y, 1)$$

とおけばよい．例えば

$$F(Z_1, Z_2, Z_3)=Z_1^n+Z_2^n-Z_3^n$$

ならば，対応する $f(x, y)$ は

$$f(x, y)=x^n+y^n-1$$

である．(ただし，F が Z_3 を因数とする時は，多項式 f の次数が下がる．)

§2．既約性と可約性

$F(Z_1, Z_2, Z_3)$ を三変数斉次 n 次式とし，代数曲線

$$C:F(Z_1, Z_2, Z_3)=0$$

を考えよう．代数学によれば，F は

$$F=F_1^{a_1}\cdots F_m^{a_m} \qquad (a_1, \cdots, a_m \geqq 1) \qquad \cdots(3)$$

と，(定数倍をのぞき唯ひととおりに)因数分解される．ここに，各 F_j は既約な斉次多項式で，$j\neq k$ の時は F_j と F_k は

$$F_j=\lambda F_k \qquad (\lambda \text{ はゼロでない複素数})$$

をみたさない．

この因数分解に対応して，m 個の代数曲線

$$C_1 : F_1=0, \cdots, C_m : F_m=0$$

が生ずるが，C はこれらの和集合：

$$C=C_1\cup\cdots\cup C_m$$

である．各 C_j を C の**既約成分**と言う．しかし，因数分解(3)の乗数 a_1, $\cdots$, a_m を考慮に入れて，C は C_1 が a_1 個重複し，$\cdots$, C_m が a_m 個重複したものと考える．例えば，四次曲線

$$C : (Z_1-Z_2)^2(Z_1+Z_2)^2=0 \qquad \cdots(4)$$

は，２本の二重直線の和集合と考える．(図６－２)

$a_j\geqq 2$ の時，C_j は C の**重複成分**と言う．各 a_j が１の時，C は**重複成分を持たない**と言う．特に F 自身が既約多項式の時，C を**既約**と言う．さもない時は，**可約**と言う．例えば，三次曲線(1)は既約である．四次曲線(4)は可約である．次の三次曲線も可約である．(図６－３)

$$C : (Z_1-Z_2)(Z_2Z_3-Z_1^2)=0$$

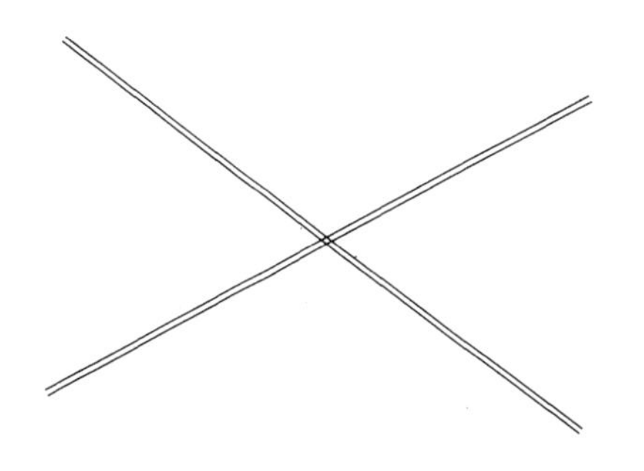

図６－２

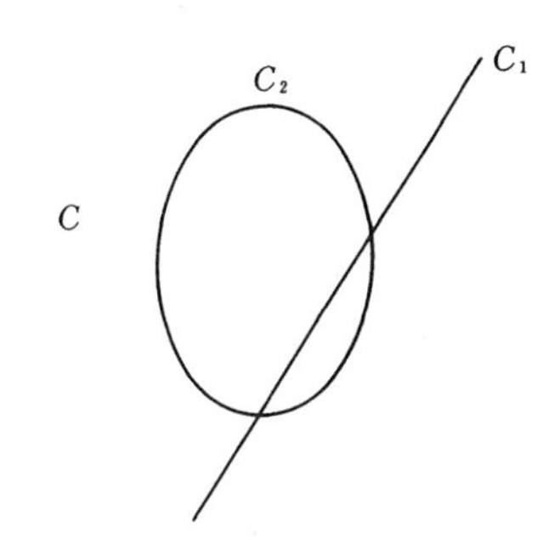

図６－３

§3．特異点と非特異点

多項式 $f(x, y)$ の零点集合 $f(x, y)=0$ をふつうの (x, y)-平面上で考える．この曲線上の一点 (a, b) において，偏微分

$$\frac{\partial f}{\partial y}(a, b)$$

がゼロにならないとする．この時，**陰関数定理**（任意の大学教養の微積分の教科書を参照）によれば，陰関数 $f(x, y)=0$ は，(a, b) の近くで，ある関数 $\varphi(x)$ を用いて $y=\varphi(x)$ と解ける．言いかえると，$x=a$ の近くで何回でも微分出来る関数 $\varphi(x)$ が唯一存在して，$f(x, \varphi(x))=0$ 及び $\varphi(a)=b$ をみたす．もし，偏微分

$$\frac{\partial f}{\partial x}(a, b)$$

がゼロにならないとすると，$f(x, y)=0$ は，(a, b) の近くで，ある関数 $\phi(y)$ を用いて，$x=\phi(y)$ と解ける．かくの如く，いずれか一方の偏微分が (a, b) でゼロにならないとすると，曲線 $f(x, y)=0$ は，点 (a, b) の近くで，きれいに，なめらかになっている．これに反して

$$\frac{\partial f}{\partial x}(a, b)=\frac{\partial f}{\partial y}(a, b)=0$$

の時は，曲線 $f(x, y)=0$ は，点 (a, b) で奇妙な状態になっている．この時，点 (a, b) は曲線 $f(x, y)=0$ の**特異点**であると言う．例えば，曲線

$$y^2-x^3=0$$

上の点である原点 $O=(0, 0)$ は，特異点である．（図6－4）また，曲線

$$y^2-x^2(x+1)=0$$

上の点である原点 $O=(0, 0)$ も，特異点である．（図6－5）

特異点でない（曲線上の）点を，**非特異点**と言う．

脱線　非特異点とは，まずいネーミングである．非特異点がふつうの点なのだから，通常点または単純点と呼ぶべきだろう．事実，そう呼んだ事も昔はあったが，「非特異点」が定着してしまった．これは日本語のまずさのせいでなく，英語で ‘non-singular point’ が定着してしまったせいである――と，これ

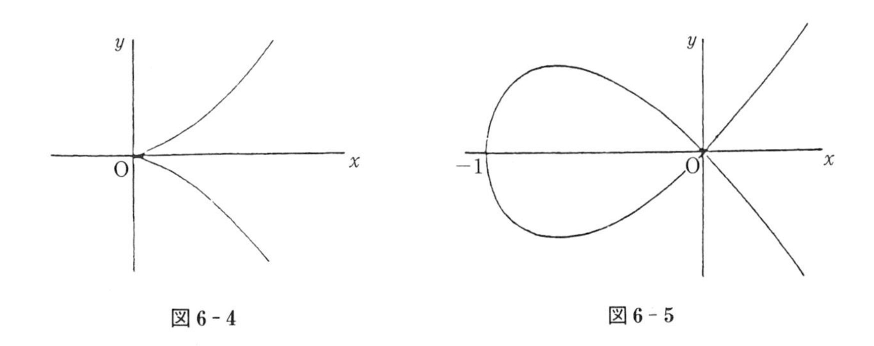

図 6-4　　　図 6-5

また，まずい弁解である．

これに対応して，我々の $\boldsymbol{P}^2$ 上の代数曲線上の点も，特異点，非特異点の二種にわけられる．

$F(Z_1, Z_2, Z_3)$ を斉次 n 次式とする時，**偏微分**

$$\frac{\partial F}{\partial Z_1}, \frac{\partial F}{\partial Z_2}, \frac{\partial F}{\partial Z_3}$$

を，ふつうの多項式の偏微分と全く同様に定義する．$\dfrac{\partial^2 F}{\partial Z_1 \partial Z_2}$ 等も同様である．例えば

$$F = Z_1^n + Z_2^n + Z_3^n$$

の時は，

$$\frac{\partial F}{\partial Z_1} = nZ_1^{n-1}, \frac{\partial F}{\partial Z_2} = nZ_2^{n-1}, \frac{\partial F}{\partial Z_3} = nZ_3^{n-1}$$

である．また，例えば，(1)と同じく

$$F = Z_3 Z_2^2 - Z_1(Z_1 - Z_3)(Z_1 - 2Z_3)$$

の時は，

$$\frac{\partial F}{\partial Z_1} = -(Z_1 - Z_3)(Z_1 - 2Z_3) - Z_1(2Z_1 - 3Z_3)$$

$$\frac{\partial F}{\partial Z_2}=2Z_2Z_3.$$

$$\frac{\partial F}{\partial Z_3}=Z_2^2-Z_1(4Z_3-3Z_1),$$

一般に，偏微分 $\frac{\partial F}{\partial Z_1}, \frac{\partial F}{\partial Z_2}, \frac{\partial F}{\partial Z_3}$ は，斉次 $(n-1)$ 次式になる．(**問2**．何故か？）そして

命題6．1　(オイラーの等式)　$F=F(Z_1, Z_2, Z_3)$ を斉次 n 次式とすると

(イ)　$Z_1\frac{\partial F}{\partial Z_1}+Z_2\frac{\partial F}{\partial Z_2}+Z_3\frac{\partial F}{\partial Z_3}=nF.$

(ロ)　$\sum_{j,k=1}^{3}Z_jZ_k\frac{\partial^2 F}{\partial Z_j\partial Z_k}=n(n-1)F$

問3．この命題を証明せよ．

定義　$\boldsymbol{P}^2$ 上の n 次曲線 $C：F=0$ の上の点 $p=(\alpha：\beta：\gamma)$ が C の**特異点**であるとは，

$$\frac{\partial F}{\partial Z_1}(\alpha, \beta, \gamma)=\frac{\partial F}{\partial Z_2}(\alpha, \beta, \gamma)=\frac{\partial F}{\partial Z_3}(\alpha, \beta, \gamma)=0$$

となる事である．特異点でない C の点を，C の**非特異点**と言う．

この定義より直接，次の命題が導かれる．

命題6．2　代数曲線 C の重複成分上の各点は，C の特異点である．また，C のことなるふたつの既約成分の**交点**（つまり，共通点）は，C の特異点である．

問4．この命題を証明せよ．

特異点のない代数曲線を，**非特異曲線**と言う．例えば，三次曲線(1)は非特異である．次回にわかるように，代数曲線が可約ならば，任意のふたつの既約成分は，必ず交わるので，前命題より，(対偶をとって)

命題6．3　非特異曲線は既約である．

しかし，この命題の逆は成立しない．例えば，図6－4，図6－5の代数曲線

$$Z_3Z_2^2-Z_1^3=0,$$
$$Z_3Z_2^2-Z_1^2(Z_1+Z_3)=0$$

は，どちらも既約だが，どちらも，原点$(Z_1:Z_2:Z_3)=(0:0:1)$を特異点にもつ．

注．$F(Z_0,Z_1,Z_2)$が実係数の時，$f(x,y)=F(x,y,1)$とおくと，

$$\frac{\partial f}{\partial x}(x,y)=\frac{\partial F}{\partial Z_1}(x,y,1),\quad \frac{\partial f}{\partial y}(x,y)=\frac{\partial F}{\partial Z_2}(x,y,1)$$

故，代数曲線$C:F=0$の特異点のうち，実部$f=0$上にあるものは，初めに定義した，ふつうの意味での，$f=0$上の特異点である．逆も，命題6．1より出る．

特異点も，いろいろあって，図6－4の原点は，**単純尖点**（**シンプルカスプ**）と呼ばれる特異点で，図6－5の原点は，**通常二重点**（**ノード**）と呼ばれる特異点である．他にも，

$$f(x,y)=2x^4-3x^2y+y^2-2y^3+y^4=0$$

の原点$O=(0,0)$（図6－6）とか，

$$f(x,y)=(x^2+y^2)^2+3x^2y-y^3=0$$

の原点$O=(0,0)$（図6－7）とか，

$$f(x,y)=(x^2+y^2)^3-4x^2y^2=0$$

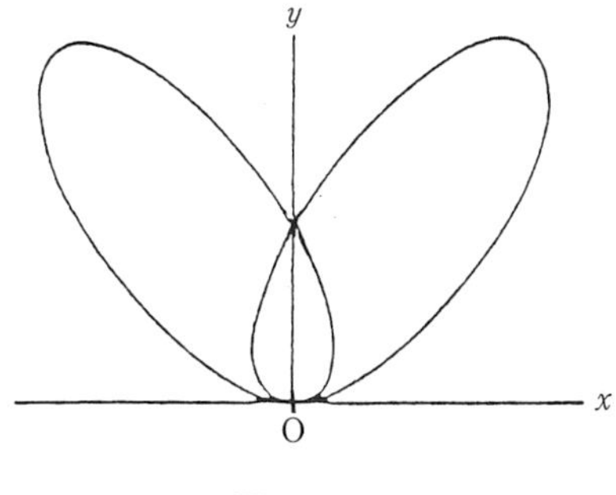

図6－6

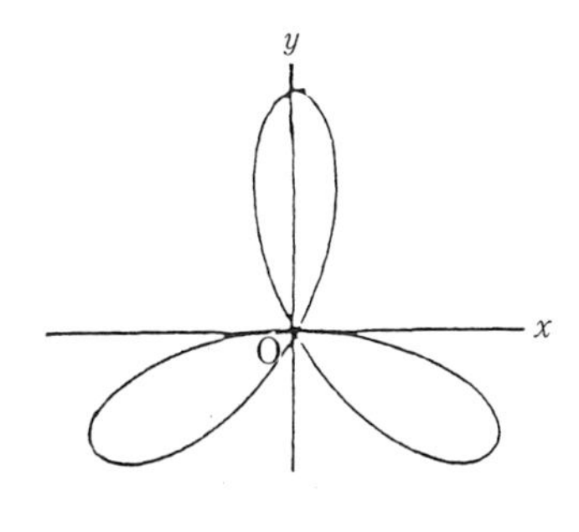

図6－7

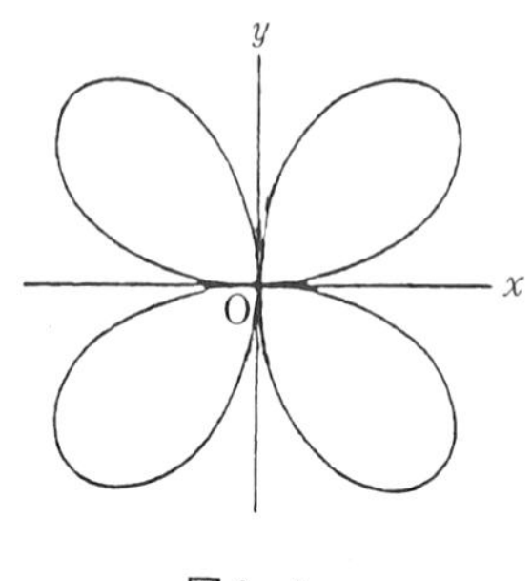

図 6 - 8

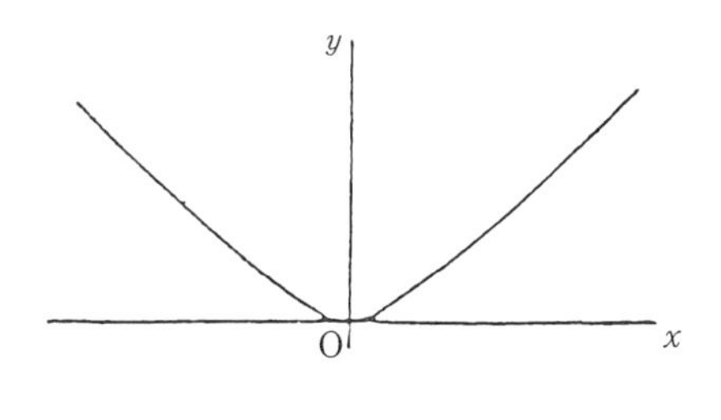

図 6 - 9

の原点 $O=(0,0)$（図 6 - 8）とか，奇妙で面白い特異点がいろいろあらわれる．

なかには，一見，非特異点と見える

$$f(x,y)=x^6-x^2y^3-y^5=0$$

の原点 $O=(0,0)$（図 6 - 9）も特異点なのだから，直感は，あてにならない．

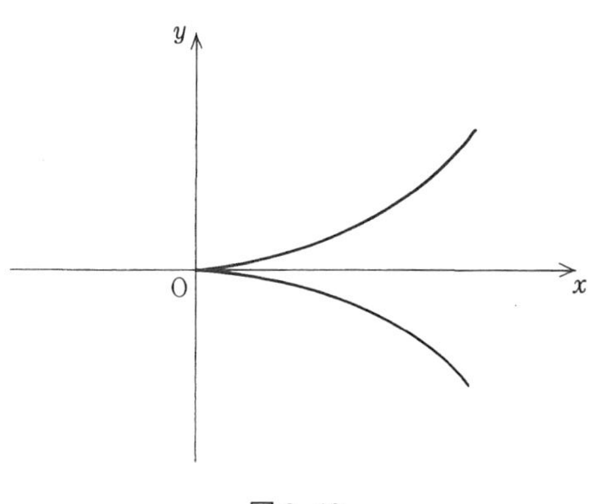

図 6 -10

尖点（**カスプ**）にも，いろいろあって，

$$y^2-x^5=0$$

の原点（図 6 -10）と同種のカスプを，**ダブルカスプ**と言い，

$$y^2-x^7=0$$

の原点（図 6 -11）と同種のカスプを，**ランフォイドカスプ**と言う．（ここで言う**同種**とは，局所解析的同型と言う事だが，これはむずかしい言葉

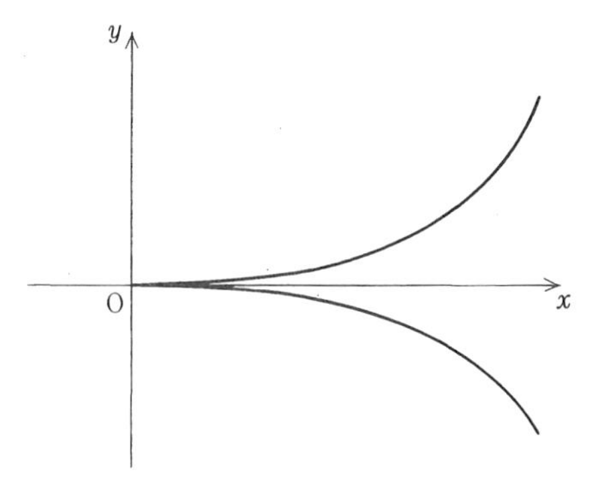

図 6 -11

なので，聞き流してほしい．）

さて、次の問題を考えよう．

問題　n を与えた時，特異点を持つ既約 n 次曲線を全て決定せよ．

$n=3$，つまり既約3次曲線では，この問題の答は無邪気である．図6．4と図6．5しかない．つまり，特異点を持つ既約3次曲線は，適当に座標変換（射影変換）すると，図6．4，図6．5のどちらかになる．

$n=4$，すなわち既約4次曲線では，この問題の答は，すでに邪気をおびる．パラメーターを無視すると，タイプに分けて20個ある．（図6．12）

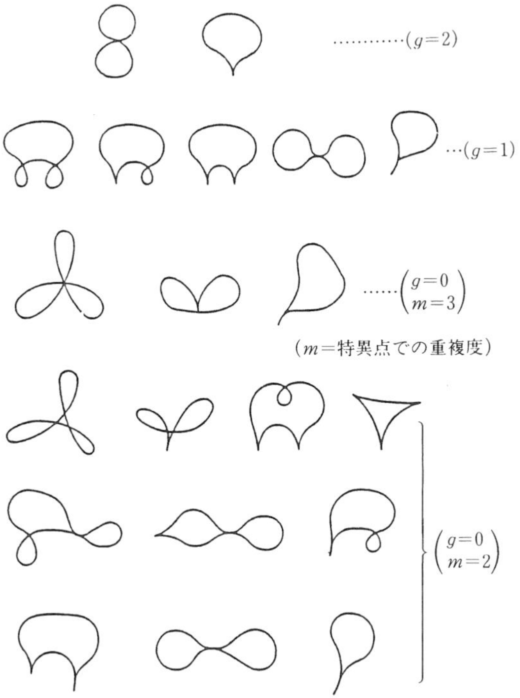

この図において，g は既約曲線の**示性数**（§8参照）をあらわし，m は，点 p での**重複度**をあらわす．（§7参照）．尖っている点が，尖点である．

図6-12

さらに，次の定理が成立する．

定理6．4　既約四次曲線中，特異点が

(イ)　ランフォイドカスプ1個のみのものは，($\boldsymbol{P}^2$ の適当な射影変換を行なうと）次の曲線のみである：

$$(y-x^2)^2-xy^3=0$$

（図 6 -13）

(ロ)　ダブルカスプ 1 個とシンプルカスプ 1 個のみのものは，（$\boldsymbol{P}^2$ の適当な射影変換を行なうと）次の曲線のみである：

$$(y-x^2)^2-x^3y=0$$

（図 6 -14）

(ハ)　シンプルカスプ 3 個のみのものは，（$\boldsymbol{P}^2$ の適当な射影変換を行なうと）次の曲線のみである：

$$(2y+x^2)^2-4x^2(x-2)(x+y)=0$$

（図 6 -15）

以上の事は，古典的に知られていた事である．

$n=5$，すなわち既約 5 次曲線

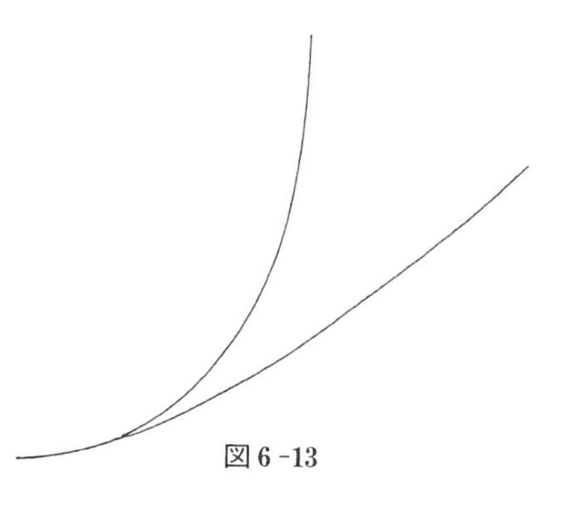

図 6 -13

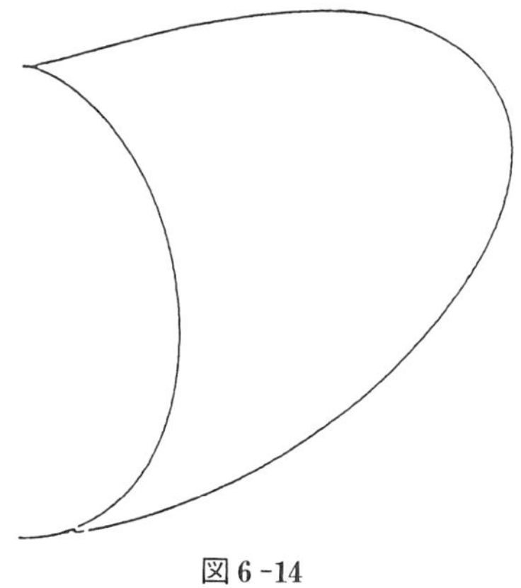

図 6 -14

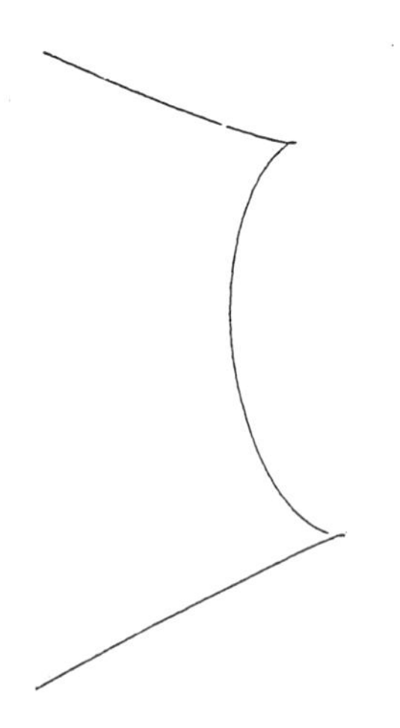

図 6 -15

に対する上の問題の答は，古典的には知られていなかったが，近年，黄双虎氏の東大修士論文［14］と，筆者［13］によって解かれた．(前者は，存在すべきタイプを全て書き，後者は実際存在する事を示した．)答は大変複雑で，(パラメーターを無視すると) タイプに分けて，230余りになる．

$n \geqq 6$ では，複雑すぎてよくわからない．次数がふえるに従って，不気味な特異点があらわれてくる．

注．図 6 - 6 ～図 6 - 9 の諸例は，名著と呼ばれる Walker [19] より引用した．なお，Fulton [3] も，定評ある代数曲線論の名著だが，Namba [13] も，なかなかのものである．定理 6 ．4 と図 6 -13～図 6 -15は，同書からの引用である．(図は，コンピューターが描いたものである．)

7．代数曲線の射影幾何

§1．前回の復習

前回の話を，ざっと復習してみよう．複素数の連比$(Z_1:Z_2:Z_3)$全体の集合である，複素射影平面$\boldsymbol{P}^2$上のn次代数曲線(略して，n次曲線)とは，斉次n次式$F(Z_1,Z_2,Z_3)$の零点集合

$$C:\{(Z_1:Z_2:Z_3)\in\boldsymbol{P}^2|F(Z_1,Z_2,Z_3)=0\}$$

(略して$C:F=0$)の事であった．特にFが実係数の時は，ふつうの(x,y)平面上の曲線

$$\{(x,y)|F(x,y,1)=0\}$$

をCの実部と言う．逆に，実係数のn次多項式$f(x,y)$の零点集合$f(x,y)=0$に対し，それを実部とする$C:F=0$を得るには，$x=Z_1/Z_3$，$y=Z_2/Z_3$とおいてfに代入し，分母を払ったものをFとおけばよい．

ただし，実部が空集合の事もありうる．(例えば，$F=Z_1^2+Z_2^2+Z_3^2$.)実部がふつうの曲線の時は，しばしば，本体であるCの特徴を実部が表現している．そのため時々CとCの実部を強引に同一視し，Cの実部の図を描いてCの図と言う事がある．

Fの因数分解

$$F=F_1^{\nu_1}\cdots F_s^{\nu_s}$$

に応じて，Cの既約成分への分解

$$C=C_1\cup\cdots\cup C_s \qquad (C_j:F_j=0)$$

が生ずる．ただし，Cは，ν_1重の$C_1,\cdots,\nu_s$重のC_sの和集合と考える．$\nu_j\geqq 2$となるC_jをCの重複成分と言い，各ν_jが1の時は，Cは重複成分を持たないと言う．F自身が既約の時，Cを既約と言い，さもない時

は可約と言う．

F の偏微分

$$\frac{\partial F}{\partial Z_1}, \frac{\partial F}{\partial Z_2}, \frac{\partial F}{\partial Z_3}$$

を，ふつうの実係数三変数多項式の場合と全く同様に定義すると，これらは斉次 $n-1$ 次式で，オイラーの等式（命題6．1）

$$\text{(イ)} \quad Z_1\frac{\partial F}{\partial Z_1}+Z_2\frac{\partial F}{\partial Z_2}+Z_3\frac{\partial F}{\partial Z_3}=nF,$$

$$\text{(ロ)} \quad \textstyle\sum_{j,k=1}^{3} Z_jZ_k\frac{\partial^2 F}{\partial Z_j\partial Z_k}=n(n-1)F$$

が成立する．C 上の点 $p=(\alpha_1 : \alpha_2 : \alpha_3)$ が C の特異点であるとは，

$$\frac{\partial F}{\partial Z_1}(\alpha_1, \alpha_2, \alpha_3)=\frac{\partial F}{\partial Z_2}(\alpha_1, \alpha_2, \alpha_3)=\frac{\partial F}{\partial Z_3}(\alpha_1, \alpha_2, \alpha_3)=0$$

となる事であり，さもない時は，非特異点と言う．

重複成分上の各点は，C の特異点である．また，ふたつの既約成分の交点（共通点の事）は，C の特異点である．特異点のない曲線（非特異曲線）は既約であるが，逆は不成立である．

§2．ベズーの定理

さて，今回は，代数曲線の射影幾何を論じよう．まず初めに，**ベズーの定理**を解説する．この定理は，ひと口で言えば，共通の既約成分を持たない，n 次曲線と m 次曲線とは，必ず交点を持ち，その個数は，高々 nm 以下で，たいていの場合，ちょうど nm になる，と言うものである．

例えば，（実部と本体を同一視して）二曲線

$$\left.\begin{array}{l} C : x^2+y^2-4=0 \\ D : xy-1=0 \end{array}\right\} \qquad \cdots(1)$$

の交点を求めてみよう．（図7－1）両式を，x, y についての連立方程式と考えて解けばよい．第二式より，$y=1/x$ として第一式に代入して分母を払い

$$x^4-4x^2+1=0$$

を得る．これを解いて

$$x=\pm\sqrt{2\pm\sqrt{3}}$$

を得る．結局，C と D の交点は，次の 4 点である．

$$(x, y)=(\sqrt{2+\sqrt{3}}, \sqrt{2-\sqrt{3}}),$$
$$(\sqrt{2-\sqrt{3}}, \sqrt{2+\sqrt{3}}),$$
$$(-\sqrt{2+\sqrt{3}}, -\sqrt{2-\sqrt{3}}),$$
$$(-\sqrt{2-\sqrt{3}}, -\sqrt{2+\sqrt{3}}).$$

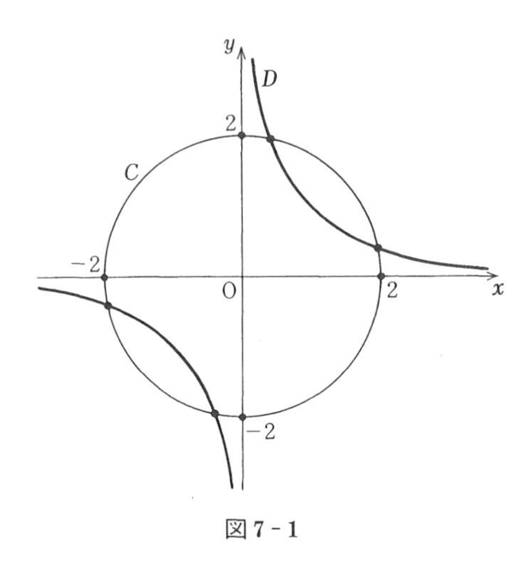

図 7 - 1

次の例をみよう．

$$\left.\begin{aligned} C &: x^2+y^2-1=0, \\ D &: \frac{x^2}{9}+\frac{y^2}{4}-1=0. \end{aligned}\right\} \quad \cdots(2)$$

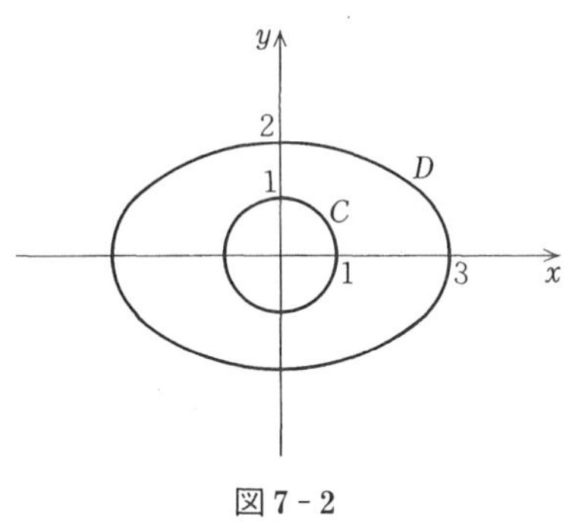

図 7 - 2

（図 7 - 2）これらは，一見，交点を持たないように見える．しかしそれは，実部をながめているから，そう見えるのであって，複素射影平面 $\boldsymbol{P}^2$ においては，交点を持っている．実際，両式を x, y についての連立方程式とみて解くと，虚根が生じ，

$$(x, y)=(\pm\sqrt{-27/5}, \pm\sqrt{32/5})$$

となる．それ故，C と D の交点は，$\boldsymbol{P}^2$ の次の 4 点である．

$$(\sqrt{-27}:\sqrt{32}:\sqrt{5}),(-\sqrt{-27}:\sqrt{32}:\sqrt{5}),$$
$$(\sqrt{-27}:-\sqrt{32}:\sqrt{5}),(-\sqrt{-27}:-\sqrt{32}:\sqrt{5}).$$

さらに，次の例をみよう．

$$\left.\begin{aligned} C &: y-x^2=0 \\ D &: x=0 \end{aligned}\right\} \quad \cdots(3)$$

（図 7 - 3）これらの交点は，一見，原点 $(0, 0)$ のみであるが，$(x=Z_1/Z_3$，$y=Z_2/Z_3$ とおいて）斉次式になおして，

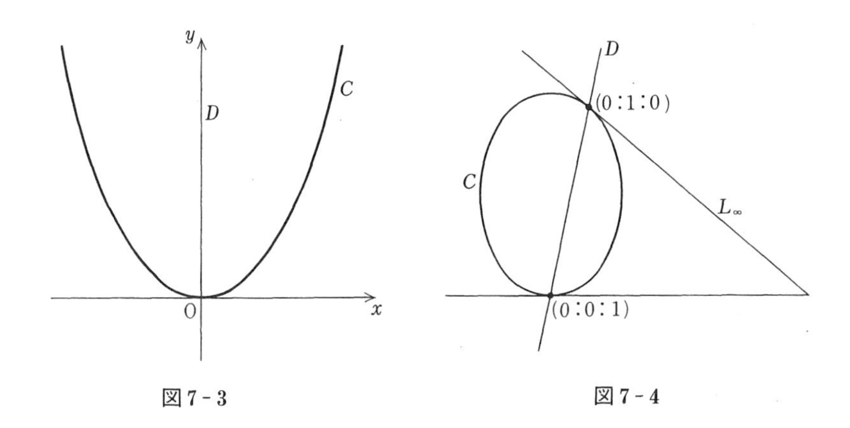

図 7 - 3　　図 7 - 4

$$C：Z_3Z_2-Z_1^2=0,$$
$$D：Z_1=0$$

とおいてみると，交点は，原点 $(Z_1：Z_2：Z_3)=(0：0：1)$ 以外に，無限遠直線 $L_\infty：Z_3=0$ 上の点 $(0：1：0)$ がある事がわかる．（図 7 - 4）

問 1．上例(1)，(2)では，C と D とは，L_∞ 上では，交わらない事を確かめよ．

以上の例では，n 次曲線 $C：F=0$ と m 次曲線 $D：G=0$ の交点の数が，ちょうど nm となっている．しかし，C と D の交点の数が nm より小さい事も起り得る．それは，C と D が接したり（図 7 - 5），どちらかの（又は両方の）特異点が交点である（図 7 - 6）かも知れないからである．

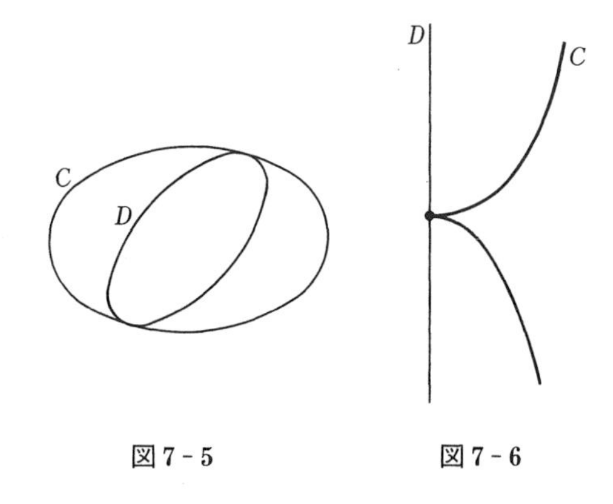

図 7 - 5　　図 7 - 6

それは，方程式が重根を持つ事に相当する．その重複度に相当するのが，

C と D の，**交点 p における交点数**

$$I_p(C, D)$$

である．これの定義はむずかしい．念のため述べるが，読みとばして，さしつかえない．（**補足 8 参照**）

今，てきとうに座標変換して，$p=(0, 0)$（原点）とした時，交点数は，次式で定義される．

$$I_p(C, D)=\dim_C \boldsymbol{C}\{x, y\}/(f, g) \qquad \cdots(4)$$

ここに，$\boldsymbol{C}\{x, y\}$ は，二変数収束巾級数環の事で，(f, g) は，$f(x, y)=F(x, y, 1)$ と $g(x, y)=G(x, y, 1)$ で生成されるイデアルである．商環 $\boldsymbol{C}\{x, y\}/(f, g)$ は複素ベクトル空間となるが，(4)の右辺は，その次元である．

とくに，$I_p(C, D)=1$ である時，C と D とは，p で**正規交叉している**と言う．この時，必然的に p は C 及び D の非特異点である．図 7－7 に，いくつかの $I_p(C, D)$ の例を描いた．（なお，p が交点でない時は，便宜上，$I_p(C, D)=0$ とおく．）

さて，交点数 $I_p(C, D)$ を用いると，ベズーの定理は，次のように述べる事が出来る．

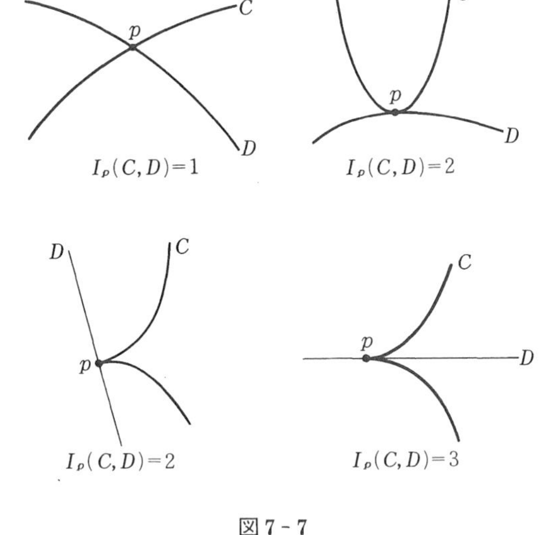

図 7－7

定理 7．1　**（ベズー）**　C と D を，それぞれ n 次，m 次の代数曲線とし，共通の既約成分を持たないとする．この時，C と D とは必ず交点を有し，

$$\sum_p I_p(C, D)=nm$$

が成立する．ここに $\sum$ は，C と D の交点 p にわたる．

これは何と簡単で美しい定理だと，読者は感心するであろうか．実は話が逆で，この定理を一般に成立せしめるためには，交点での交点数をどう定義すればよいか――と悩んで，昔の人々が，(4)にたどりついたのである．こんな風に，数学は紆余曲折しながら，より深い調和を求めて進んでゆく．

ベズーの定理の証明は，ここでは省略する．（それは，5 の問3の解答における定理B．1の証明と同様である．）詳しくは，例えば，河井[11]参照．この本はわかりやすく，非常に良い本である．

ベズーの定理の面白い応用として

定理7．2　C, D を共に n 次曲線で n^2 個の交点を持つとする．$1 \leq m < n$ として，E を既約な m 次曲線で，C, D の n^2 個の交点中，nm 個をとおるとする．この時，残りの $n(n-m)$ 個の点をとおる $(n-m)$ 次曲線 E' が存在する．

証明． C と D の交点全体の集合を Λ とおき，Λ と E の共通部分を Γ とおく．Λ, Γ は仮定より，それぞれ n^2, nm 個の点よりなる．

$$C : F=0, \quad D : G=0, \quad E : H=0$$

とする．E 上の点 $p=(\alpha_1 : \alpha_2 : \alpha_3)$ で Λ の点でないものをとる．この時，$F(\alpha_1, \alpha_2, \alpha_3)$ と $G(\alpha_1, \alpha_2, \alpha_3)$ が同時にゼロにはならない．今，$G(\alpha_1, \alpha_2, \alpha_3) \neq 0$ として

$$t = -F(\alpha_1, \alpha_2, \alpha_3)/G(\alpha_1, \alpha_2, \alpha_3)$$

とおき，n 次曲線

$$B : F+tG=0$$

を考えると，これは p をとおる．一方，これは Λ の各点，とくに Γ の各点をもとおる．従って，B と E との交点の個数は，少くとも $nm+1$ である．ベズーの定理より，B と E は，共通の既約成分を持つ．E 自身既約故，E は B の既約成分である．従って

$$F+tG=H\cdot H'$$

となる，斉次 $(n-m)$ 次式 H' が存在する．$(n-m)$ 次曲線

$$E' : H'=0$$

が求めるべきものである．実際 $B=E\cup E'$ でありEは，Γ 以外の Λ の点をとおらないので，E' の方が残りの点をとおるのである．　**証明終．**

この定理から，前々回に出てきた，パスカルの定理が，系として導かれる．

定理７．３（パスカルの定理，再掲）　既約二次曲線 E に内接する六角形の，三組の対辺の交点は，一直線上にある．（図７－８）

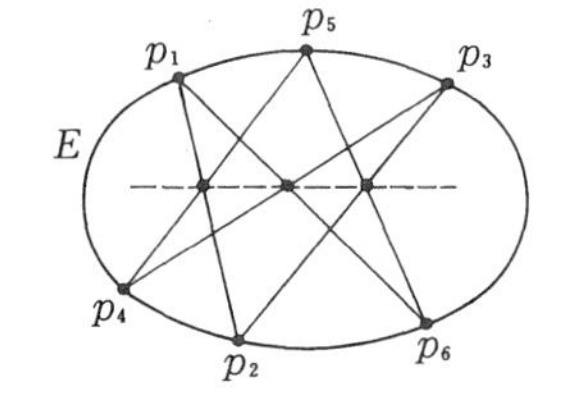

図７－８

証明　図７－８において，$L_{jk}=\overline{p_jp_k}$ を p_j と p_k をとおる直線とし，三次曲線

$$C=L_{12}\cup L_{34}\cup L_{56},$$
$$D=L_{23}\cup L_{45}\cup L_{61}$$

と，既約二次曲線 E に，定理７．２を適用すればよい．　**証明終．**

定理７．２は，次のように一般化される．（証明は，Fulton［３］または Namba［13］をみられたい．）

定理７．４　C, D, E を，それぞれ n, m, l 次曲線（ただし $l<m$）とし，次を仮定する．(1)C と D，及び，C と E，は共通の既約成分を持たない．(2)C と E の各交点 p は，C の非特異点であり，必ず D の上にもあって，

$$I_p(C,E)\leqq I_p(C,D)$$

をみたすとする．この時，C と D の各交点 q で

$$I_q(C,D)=I_q(C,E)+I_q(C,E')$$

となる $(m-l)$ 次曲線 E' が存在する．

この定理では，E の既約性は仮定していない．それ故，パスカルの定

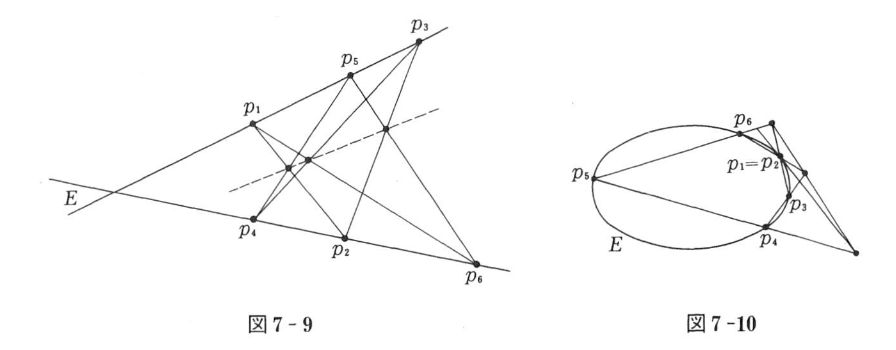

図7－9　　　図7－10

理において，E が二直線の和であっても，同様の命題が成立する．これが以前に述べた，パップスの定理である．(図7－9)

さらに，この定理では，C と D，及び C と E が交点で必ずしも正規交叉でなくてもよい．それ故，パスカルの定理で，例えば，$p_1=p_2$ で，L_{12} が p_1 での E への接線としても，同様の主張が成立する．(図7－10)

§3．接　　線

C を n 次曲線，p をその上の点とする．座標変換して p を原点，$p=(0,0)$，として

$$C: f(x, y)=0$$

とする．n 次多項式 $f(x, y)$ を昇巾に展開して

$$f(x, y)=f_m(x, y)+f_{m+1}(x, y)+\cdots+f_n(x, y)$$

とする．ここに $f_j(x, y)(m\leqq j\leqq n)$ は斉次 j 次式で，$f_m(x, y)$ は恒等的にゼロにならない最小次数の斉次式とする．

定義． m を，C の p での**重複度**と言う．$m=m_p(C)$ とかく．

命題7．5　$m_p(C)\geqq 2$ である事と，p が C の特異点である事は同値である．

問 2．この命題を証明せよ．

今，$f_m(x, y)$ を因数分解して

$$f_m(x, y)=(a_1x+b_1y)^{\nu_1}\cdots(a_sx+b_sy)^{\nu_s}$$

$(\nu_j\geqq 1)$ とおくと，直線

$$L_j: a_jx+b_jy=0 \qquad (1\leqq j\leqq s)$$

が考えられる．これらを，p **での** C **への接線**と言う．

例えば，

$$C: f(x, y)=y^2-x^2(x+1)=0$$

への $p=(0, 0)$ での接線は，$(m=2, f_2(x, y)=y^2-x^2$ 故)

$$L_1: y-x=0,$$
$$L_2: y+x=0$$

の直線である．（図 7-11）

次の定理の証明は，補足 8 を参照．

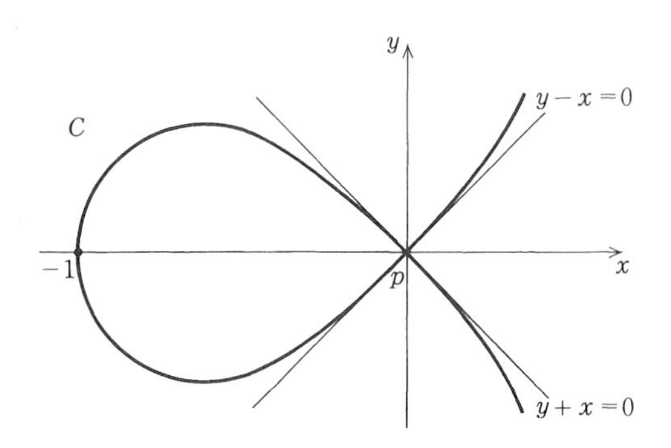

図 7-11

命題 7．6　n 次曲線 C と直線 L の交点 p において

$$m_p(C)\leqq I_p(C, L)$$

が成り立つ．ここに，不等号は，L が p での C への接線である時，かつ，その時のみ起こる．

非特異点 p での C への接線は，一本のみである．これを T_pC と書く．たいていの場合

$$I_p(C, T_pC)=2$$

であるが，

$$I_p(C, T_pC)\geqq 3$$

となる非特異点 p を，C の**変曲点**と呼ぶ．二次曲線上に変曲線は存在しないが，既約三次曲線上には必ず存在し，

定理 7.7 非特異三次曲線上には，ちょうど 9 個の変曲点が存在する．

と言う定理が知られている．（**補足 9 参照**）非特異三次曲線

$$C: y^2-x(x-1)(x-2)=0$$

の実部には，二個の変曲点しかない．（図 7-12）あとの 7 個は，姿をかくしている．次の定理は，非特異三次曲線の面白い性質をあらわしている．証明は Fulton ［3］又は Namba ［13］を参照．

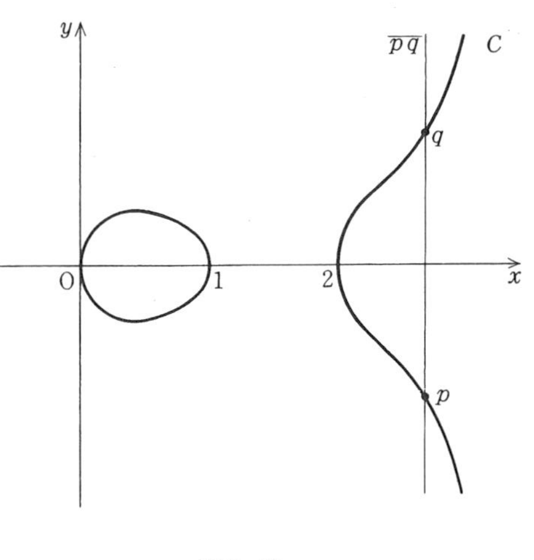

図 7-12

定理 7.8 非特異三次曲線 C 上の変曲点 p, q に対し，直線 $\overline{pq}$ が C と更に交わる点を r とすれば，r も変曲点である．

図 7-12 の変曲点 p, q に対し，直線 $\overline{pq}$ と C との，更に交わる点は，無限遠直線 $L_\infty: Z_3=0$ 上の点 $(0:1:0)$ であって，この点も，C の変曲点である．

§4. 双対曲線

第 4 回で話した事であるが，複素射影平面 $\boldsymbol{P}^2$ 上の直線全体の集合

$\boldsymbol{P}^{2*}$ は，$\boldsymbol{P}^2$ と1対1双連続な対応がつき，従って，これも $\boldsymbol{P}^2$ と同じ空間構造を持つ．これを $\boldsymbol{P}^2$ の**双対平面**と呼ぶ．

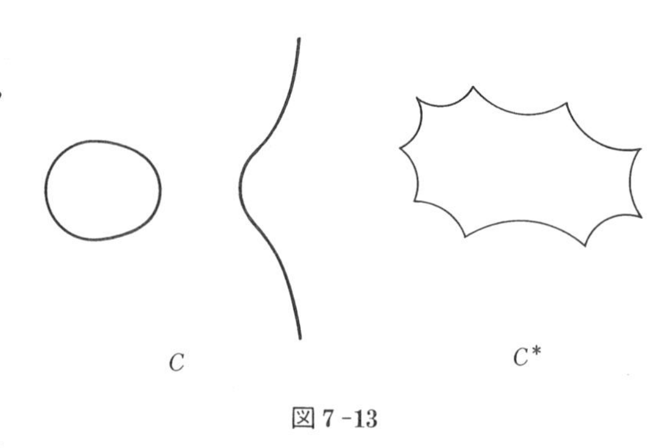

図7-13

C を $\boldsymbol{P}^2$ 上の既約な n 次曲線，ただし $n \geqq 2$，とする．C への接線全体の集合 C^* は，$\boldsymbol{P}^{2*}$ の中で，既約な代数曲線をなす事が証明出来る．これを C の**双対曲線**と言う．

例えば，C を既約二次曲線とすると，C^* も既約二次曲線である．C を非特異三次曲線とすると，C^* は，9個の**単純尖点**（前回参照）を持つ既約6次曲線となる．これら，単純尖点は，C の9個の変曲点での C への接線に対応している（図7-13）．次の定理の証明は，例えばNamba[13]を参照．

定理7．9　双対曲線の双対曲線は，自分自身である．すなわち，$(C^*)^* = C$．

C^* の $\boldsymbol{P}^{2*}$ における代数曲線としての次数を，もとの C の**級数**と呼ぶ．C の級数は，C 外の「一般の」点 p から C へ引いた接線の数に，ほかならない．

いくつかの既約曲線（次数は2以上）と，点と直線に関する命題がある時，この命題を $\boldsymbol{P}^{2*}$ における命題とみて，$\boldsymbol{P}^2$ の言葉で読み直して（すなわち，既約曲線は，定理7．9より，他の既約曲線の双対曲線とみ，直線は点，点は直線，とみて）新しい命題を得る．これを，もとの命題の**双対命題**と言う．

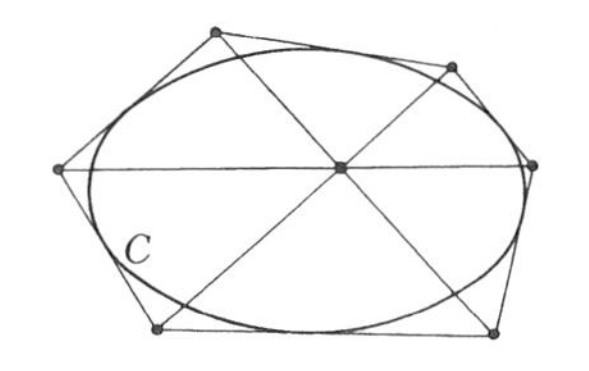

図7-14

例えば，パスカルの定理の双対命題は，前にも出てきた，ブリアンションの定理である．

定理７．３*　**（ブリアンションの定理，再掲）**　既約二次曲線 C に外接する六角形の３本の対角線は，一点で交わる．（図７-14）

問３．定理７．８の双対命題を述べよ．

次回もさらに，代数曲線の射影幾何に関する美しい諸命題を紹介する．

8．代数曲線の示性数

§1．ベズーの定理再掲

前回は，代数曲線の射影幾何を論じた．今回もその続きであるが，さらに，射影幾何を越えて，内在的幾何と言うべき地点まで，ふみこんでゆく．この幾何こそ，本連載後半のテーマである．

前回の話における基本的定理と言うべきは，次のベズーの定理であった．

定理８．１　**（ベズーの定理，第一型）**　複素射影平面 $\boldsymbol{P}^2$ 上の n 次曲線 C と m 次曲線 D が，共通の既約成分を持たないならば，C と D の交点は必ず存在し，その数は，たかだか nm である．（大抵の場合，ちょうど nm となる）．

より正確には，前回のように，各交点 p で交点数 $I_p(C,D)$ を定義すると

定理８．１′　**（ベズーの定理，第二型）**　$\sum_p I_p(C,D)=nm$．

今回も，この定理が用いられる．

§2．代数曲線のパラメーター族

次の問題を考えよう．

問題　ふたつの二次曲線

$$C：f(x, y)=x^2+4y^2-1=0, \qquad \cdots(1)$$

$$D：g(x, y)=5x^2+5y^2-6xy-2=0 \qquad \cdots(2)$$

の全ての交点をとおり，さらに点 $(1, 1)$ をとおる二次曲線を求めよ．

C と D は共に楕円をあらわす．実は，D は C を，45° 回転したものである．（図 8 - 1）

この問題を真面目な学生が解くとすれば，(1)，(2)を連立方程式とみて解き，4 交点を求め，これら全てと，点 $(1, 1)$ が，二次曲線

$$a_1x^2+a_2xy+a\ y_3^2$$
$$+a_4x+a_5y+a_6=0$$

上にあるとして，係数 $a_1, \cdots, a_6$ を（連立一次方程式を解く事により）決めるであろう．時間と労力はかかるが，正解に到達するに違いない．（$a_1, \cdots, a_6$ は唯一とおりには決らず，連比 $(a_1：\cdots：a_6)$ が唯一とおりに決る．）

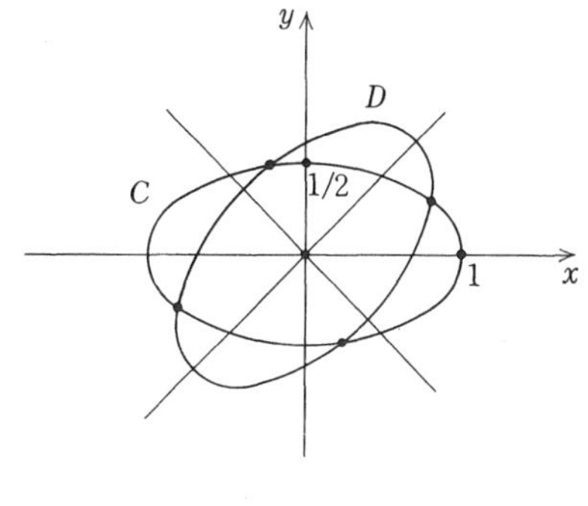

図 8 - 1

この問題には，第二の解き方がある．t をパラメーターとして，二次曲線のパラメーター族

$$C_t：f_t(x, y)=f(x, y)+tg(x, y)=0$$

を考える．各 C_t の特徴は，C と D の全ての交点をとおる事である．そこで

$$f(1, 1)+tg(1, 1)=0$$

となる t を決めてやれば，この C_t こそ，求むべきものである：

$$4+t\cdot 2=0, \quad t=-2,$$

$$C_{-2}：3x^2+2y^2-4xy-1=0.$$

この解き方を見て，大方の学生は，なるほどと感心するだろうが，頭の鋭い学生は，次のように切り込んでくるに違いない．「確かに C_{-2} が答のひとつとわかりましたが，答がこれに限るでしょうか．」

その疑問はもっともである．二次方程式ですら，答がふたつあるではないか．C_{-2} 以外に答があっても，少しも不思議はない．質問に，詰ってしまい答えられない．(教室では，よくある事である．) こうなると，最初の真面目な学生の解答の勝である．彼の解答では，直接，唯一性が示される．

この唯一性は，実は，上記のベズーの定理を用いると出てくる．すなわち，C' を C_{-2} 以外の，他の答とする．もし，C' と C_{-2} が共通の既約成分を持たないならば，ベズーの定理より，これらの交点は，高々 4 点である．ところが実際には，C' と C_{-2} とは(C と D の全交点と，点 $(1,1)$ の) 5 点 (以上) で交わるので矛盾する．それ故，C' と C_{-2} とは，共通の既約成分を持たねばならない．C_{-2} 自身，既約(**問 1**　この事を確かめよ．)なので，$C'=C_{-2}$ でなければならない．(実は，後の定理 8．2 が示すように，C_{-2} の既約性を示す必要はない．)

一般に，$\boldsymbol{P}^2$ 上の n 次曲線

$$C : F=0,$$
$$D : G=0$$

に対し，$\lambda=(\lambda_1 : \lambda_2)\in\boldsymbol{P}^1$ (複素射影直線) をパラメータとする n 次曲線のパラメータ族

$$C_\lambda : \lambda_1 F+\lambda_2 G=0$$

を，**C と D より生成されるパラメータ族**と言う．(前のようなパラメータ t を用いず，$\lambda\in\boldsymbol{P}^1$ を用いたのは，この族の中に，C，D 自身も，メンバーに入れたかったからである：

$$C=C_{(1:0)},\quad D=C_{(0:1)}.$$

さて，次の定理が成立する．

定理 8．2　ふたつの n 次曲線 $C : F=0$ と $D : G=0$ の交点が，n^2 個の点よりなるとする．$E : H=0$ を，これら交点全てをとおる n 次曲線とすると，E は，C と D で生成されるパラメータ族のメンバーである．

証明　上の問題の，第二の解き方の類似を行なう．まず初めに，C と D から生成されたパラメータ族の各メンバー C_λ と D との交点全体は，ちょうど C と D との n^2 個の交点全体 Λ と一致している事に注意する．

さて，E が C または D と一致する場合は，当然メンバーなので，$E \neq C$，$E \neq D$ を仮定する．

E 上に，C の点でも D の点でもない点 $p=(\alpha_1 : \alpha_2 : \alpha_3)$ をとり，

$$\lambda_1 F(\alpha_1, \alpha_2, \alpha_3)+\lambda_2 G(\alpha_1, \alpha_2, \alpha_3)=0 \qquad \cdots(3)$$

となる λ_1，λ_2 をとり，$\lambda=(\lambda_1 : \lambda_2) \in \boldsymbol{P}^1$ を考え，これに対応するメンバー

$$C_\lambda : \lambda_1 F+\lambda_2 G=0$$

を考えると，$C_\lambda=E$ となる．

なぜなら，まず，C_λ と E とは，(Λ の各点及び p の) n^2+1 個以上の点を共有するので，ベズーの定理より，共通な既約成分を持たねばならない．そこで

$$H=PQ,$$

$$\lambda_1 F+\lambda_2 G=PR$$

と書ける．ここに P は k 次斉次多項式，$(k \geqq 1)$，Q と R は $(n-k)$ 次斉次多項式で，Q と R は互いに素とする．

$n>k$ と仮定する．k 次曲線

$$A : P=0$$

と D との交点は，(C_λ と D の交点全体である)集合 Λ のなかの，nk 個の点よりなる．仮定より，$(n-k)$ 次曲線

$$B : Q=0,$$

$$B' : R=0$$

は共に，Λ の残りの n^2-nk 個の点を全てとおる．従って B と B' は，これら $n^2-nk\ (>(n-k)^2)$ 個の点を共有し，ベズーの定理より，Q と R が互いに素ではなくなり，矛盾である．故に，$n=k$ となり，

$$E=C_\lambda$$

を得る．　**証明終**

注．この $E=C_\lambda$ となる λ は唯一で，(3)によって決まる．

系８．３　$\boldsymbol{P}^2$ の点 p を，C と D の n^2 個の交点以外から任意にとると，p 及び全ての交点をとおる n 次曲線が，唯一，存在する．

定理８．２の一般型は，次の有名な定理である．

定理８．２′（ネターの定理）　$C：F=0$，$D：G=0$，$E：H=0$ をそれぞれ n, m, l $(l \geqq m)$ 次曲線とし，次を仮定する．(1) C と D は共通の既約成分を持たない．(2) C と D の各交点は，C の非特異点である．(3) C と D の各交点 p は，C と E の交点でもあり $I_p(C, D) \leqq I_p(C, E)$ が成り立つ．以上の仮定のもとで，$l-n$ 次斉次多項式 A（$l<n$ なら $A=0$（恒等的）とおく）と，$l-m$ 次斉次多項式 B が存在して，H は

$$H=AF+BG$$

と書ける．

この定理の証明は，Fulton［３］か Namba［13］を参照されたい．

§３．オイラーの定理

上で論じた問題を，三次曲線の場合にあてはめてみよう．すなわち

$$C：F=0$$
$$D：G=0$$

を，９個の点 $p_1=(\beta_1^1：\beta_1^2：\beta_1^3), \cdots, p_9=(\beta_9^1：\beta_9^2：\beta_9^3)$ で交わる三次曲線とする時，これら全て，及び，これら以外の，与えられた $\boldsymbol{P}^2$ の点 $P_{10}=(\beta_{10}^1：\beta_{10}^2：\beta_{10}^3)$ をとおる三次曲線を求めよ，と言う問題である．

系８．３によって，そのような三次曲線は唯一，存在し，定理８．２の証明に，その求め方がのべられている．しかし，今，これを，真面目な学生のやり方で求めてみよう．

まず，連立方程式 $F=0$，$G=0$ を解いて，$p_1, \cdots, p_9$ を具体的に求める．（$y=Z_2/Z_0$ を消去すると，$x=Z_1/Z_0$ の９次方程式となり，一般には困難だが，実行出来たとしよう．）

一般の三次曲線の方程式は，（辞書式に係数を並べて）

$$H = a_1Z_1^3 + a_2Z_1^2Z_2 + a_3Z_1^2Z_3 + a_4Z_1Z_2^2 + a_5Z_1Z_2Z_3 + a_6Z_1Z_3^2 + a_7Z_2^3 + a_8Z_2^2Z_3 + a_9Z_2Z_3^2 + a_{10}Z_3^3 = 0$$

と書ける．条件

$$H(\beta_j^1, \beta_j^2, \beta_j^3) = 0 \qquad (1 \leqslant j \leqslant 10) \qquad \cdots(4)$$

は，未知の係数 $a_1, \cdots, a_{10}$ に対する連立一次方程式を与える．方程式の数が10個で，未知数が10個だから，もし方程式が独立ならば，解は $a_1 = \cdots = a_{10} = 0$ のみである．すなわち，条件をみたす三次曲線は存在しなくなり，系８．３に矛盾する．

それ故，(4)の10個の方程式は，独立でない．

じつは，初めの９個の方程式

$$H(\beta_j^1, \beta_j^2, \beta_j^3) = 0 \qquad (1 \leqslant j \leqslant 9) \qquad \cdots(5)$$

がすでに，独立でなく，最後の方程式

$$H(\beta_{10}^1, \beta_{10}^2, \beta_{10}^3) = 0 \qquad \cdots(6)$$

は，(5)に対し独立である．なぜなら，仮りに，方程式(6)が方程式系(5)の一次結合でかけたとすると，$p_1, \cdots, p_9$ をとおる任意の三次曲線（特に C，D）は p_{10} もとおる事になって矛盾する．

(5)の９個の方程式が独立でないと言う事は，例えば最後の

$$H(\beta_9^1, \beta_9^2, \beta_9^3) = 0$$

が

$$H(\beta_j^1, \beta_j^2, \beta_j^3) = 0 \qquad (1 \leqslant j \leqslant 8)$$

の一次結合でかける事を意味し，このことは，$p_1, \cdots, p_8$ をとおる任意の三次曲線は，必ず p_9 もとおる事を意味する．

実は，(5)の９個の方程式のうち，**任意の**８個をえらぶと，必ずそれらは一次独立となり，残りの１個は，それらの一次結合でかける事が示される．すなわち，

定理８．４　（オイラー）　C と D を，９点で交わっている三次曲線とする．他の三次曲線 E が，これら９点のうちの８点をとおれば，残りのもう１点も必ずとおり，E は，C と D で生成されるパラメーター族

のメンバーである．

応用として，次の問に答えられたい．

問 2．C，D，E を既約な二次曲線で，

$$C \cap D = \{p_1, p_2, p_3, q\}$$
$$D \cap E = \{p_1, p_2, p_3, r\}$$
$$E \cap C = \{p_1, p_2, p_3, s\}$$

とする．q をとおる直線が，C，D と再び交わる点を，それぞれ，t，u とする時，直線 $\overline{st}$ と直線 $\overline{ru}$ の交点は，E 上にある事を証明せよ．(図 8 - 2)

問 3．C, D, E を既約な二次曲線で

$$C \cap D = \{p_1, p_2, q, r\},$$
$$D \cap E = \{p_1, p_2, s, t\},$$
$$E \cap C = \{p_1, p_2, u, v\}$$

とする．この時，3 直線 $\overline{qr}$，$\overline{st}$，$\overline{uv}$ は共点である．(図 8 - 3)

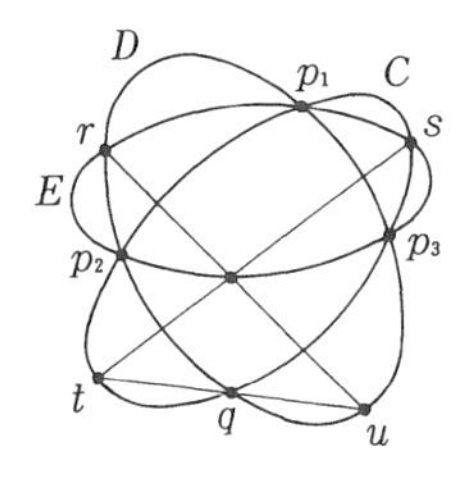

図 8 - 2

オイラーの定理は，次のように一般化される．

定理 8．5　C と D を n^2 個の点で交わる $n(\geqq 3)$ 次曲線とする．他の n 次曲線 E が，これら n^2 個の点のうちの n^2-n+2 個の点をとおれば，残りの，$n-2$ 個の点も必ずとおり，E は C と D で生成されるパラメーター族のメンバーである．

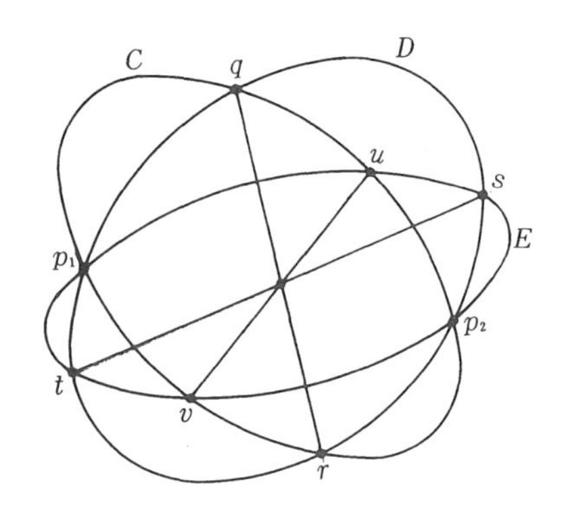

図 8 - 3

注．この結果は，best possible である．すなわち，n^2-n+2 を，より小さい数で置き換える事は出来ない．

この定理（及び，その精密化）の証明は，Namba [13] を参照されたい．

§4．代数曲線の示性数

前回や前々回に話したように，ふつうの平面上の曲線，例えば，円

$$f=x^2+y^2-1=0$$

において，$x=Z_1/Z_3$，$y=Z_2/Z_3$ とおき，f に代入し，分母を払えば，$\boldsymbol{P}^2$ 上の代数曲線

$$C : F=Z_1^2+Z_2^2-Z_3^2=0$$

を得る．上の曲線を F の代数曲線の実部と呼んだ．のみならず，これらを，しばしば同一視し，

$$C : f=x^2+y^2-1=0 \qquad \cdots(7)$$

と書いたりした．その理由は，本体 C の射影幾何的特徴が，その実部にあらわれている事が多いからである．

ところで，本体 C は，4次元の拡がりをもつ空間 $\boldsymbol{P}^2$ の中で，2次元的拡がりをもつ集合，すなわち，**曲面**である．(7)の C は，それでは，どのような曲面であろうか．

これを知るために，次の事を思い出そう．$\boldsymbol{P}^2$ 上の無限遠直線

$$L_\infty : Z_3=0$$

は集合として $\{(Z_1 : Z_2 : 0)\}$ 全体であって，これは，比全体の集合 $\{(Z_1 : Z_2)\}$，すなわち $\boldsymbol{P}^1$，言いかえると，複素球面 $\hat{C}$ と同一視される．$\boldsymbol{P}^2$ 上の他の直線も，$\boldsymbol{P}^2$ の適当な射影変換で L_∞ に移り得るので，$\hat{C}$ と同じ空間的拡がりをもつ．

さて，(7)の代数曲線 C に対し，C から $\boldsymbol{P}^2$ 上の直線

$$L : Z_2=0$$

（つまり，x—軸）への写像 φ を

$$\varphi(x, y)=\frac{x}{1-y}$$

で定義する．これは，図8-4の，点$(0,1)$を中心とする射影に他ならない．(ただし，$\varphi(0,1)=(1:0:0)$とおく．)

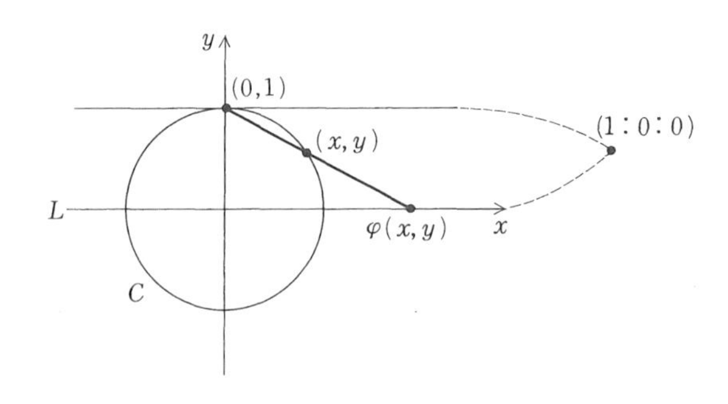

図8-4

この写像は，1対1で連続，逆写像も連続(これを，**双連続**と言う．)である．

問4．φの逆写像φ^{-1}を式で書け．

双連続写像が存在する時，ふたつの曲面を**同相**であると言う．(これは，位相幾何学の用語である．)

かくして，(7)の代数曲線Cは，複素球面$\hat{C}$と同相になり，空間的構造は同じものとなる．

この場合からもわかるように，同相と言う概念は，**射影同値**（射影変換で写り得る）と言う概念より，きめのあらい概念である．きめがあらい，と言う事は，より，つまらない，と言う事ではない．それどころか，より本質的，内在的概念である．

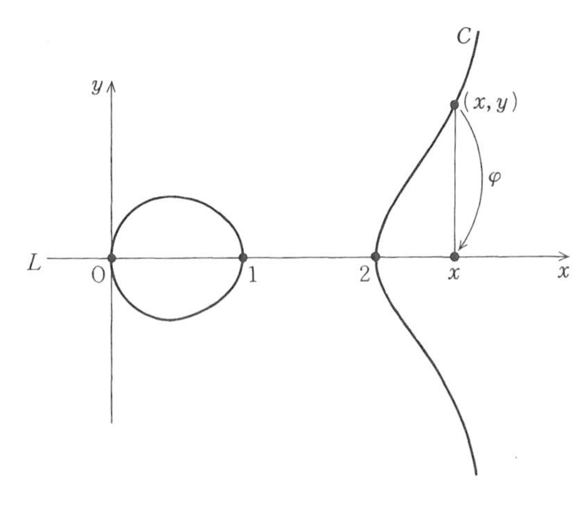

図8-5

既約な二次曲線は，以

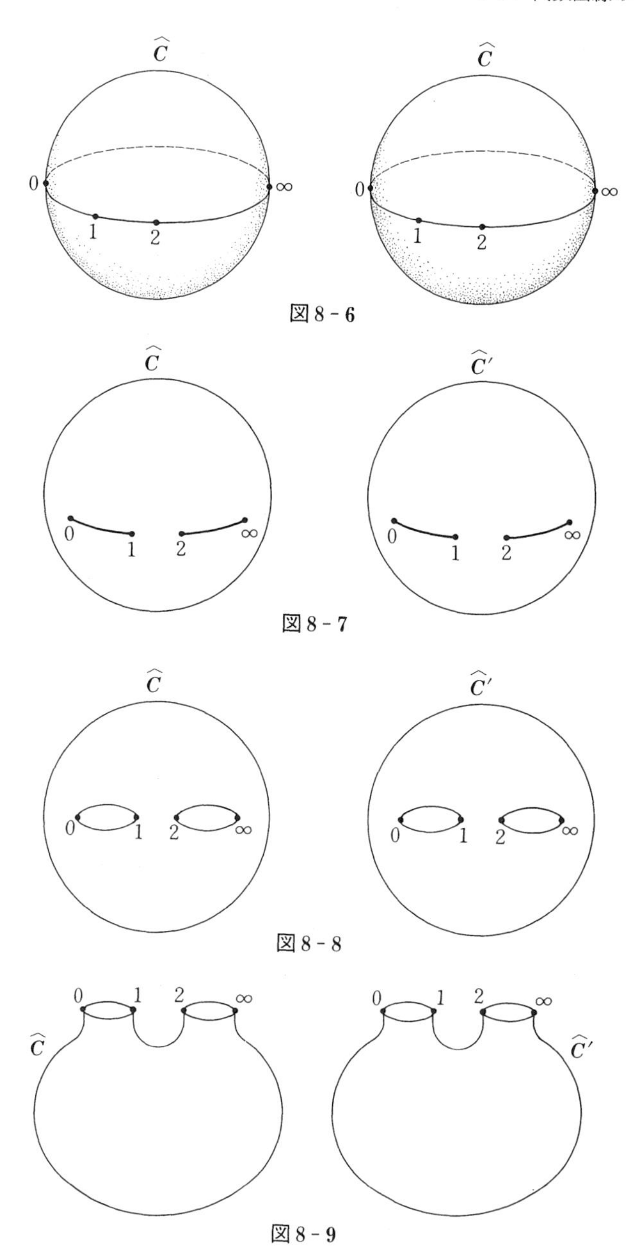

図8－6

図8－7

図8－8

図8－9

前に述べたように，互いに射影同値故，全て，$\hat{C}$ に同相である，

次に $\boldsymbol{P}^2$ 上の非特異三次曲線

$$C : f = y^2 - x(x-1)(x-2) = 0 \qquad \cdots(8)$$

は，どのような曲面であるか，考えてみよう．

C から直線 $L : Z_2 = 0$ への写像 φ を

$$\varphi(x, y) = x$$

（ただし，$\varphi(0:1:0) = (1:0:0)$）で定義する．これは，無限遠点 $(0:1:0)$ 中心の射影である．（図 8－5）

φ は，連続な上への写像であるが，1対1ではない．$(0,0)$，$(1,0)$，$(2,0)$，$(0:1:0)$ の4点をのぞくと，2対1の写像である．$x=0,1,2,\infty$ 以外の L の各点 x に対し，φ による x の逆像 $\varphi^{-1}(x)$ は，2点 (x, y)，$(x, -y)$ よりなる．そこで，L と $\hat{\boldsymbol{C}}$ を（座標 x を用いて）同一視して，球面 $\hat{\boldsymbol{C}}$ とそのコピイ $\hat{\boldsymbol{C}}'$ を用意する．（図 8－6）

両者の実軸上，線分 $[0,1]$，$[2,\infty]$ のところに切り込みを入れる．（図 8－7）

切り込みをこじあける．（図 8－8）

切り口を両手でつかんで，ギュッと持ち上げる．（図 8－9）

$\hat{\boldsymbol{C}}'$ の方をひっくり返して，$\hat{\boldsymbol{C}}$ に上からくっつけてやる．（図 8－10）

かくして，タイヤ，すなわち浮きぶくろが得られる．これが曲面とみた時の，(8)の代数曲線 C である．（図 8－11）

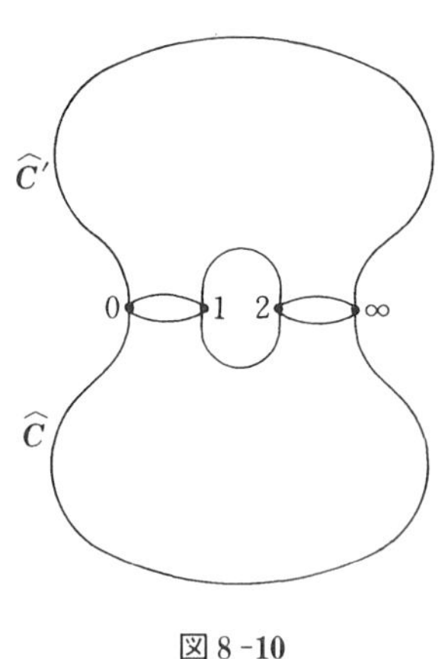

図 8－10

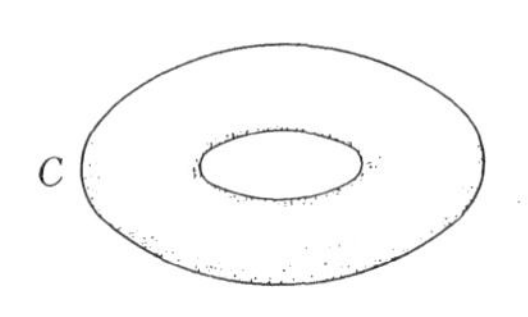

図 8－11

位相幾何学（双連続写像で不変な図形の性質を研究する幾何学）の最も基本的結果によれば，特異点のない，**可符号**の，（つまり，裏表の区別ある），閉曲面（つまり，境界のない曲面）は，（同相の時，同じものと思えば）図 8 -12の系列に，完全に分類される．（図 8 -12）

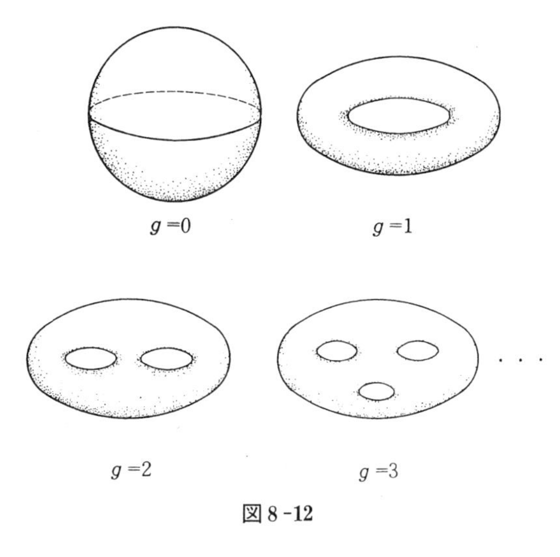

図 8 -12

この図において，g はタイヤの穴の数である．曲面は，g 人用浮きぶくろである．この g を曲面の**示性数**（**genus**）と言う．(8)の C は，示性数が 1 である．

脱線　二人用浮きぶくろは楽しかろうが，三人用となると，もめるに違いない．

$\boldsymbol{P}^2$ の非特異 n 次曲線 $C：F=0$ は，可符号の閉曲面である事が，（容易ではないが）示される．その示性数は

$$g=\frac{(n-1)(n-2)}{2}$$

である．この事については，次回に話す事にする．

再脱線　（消化器系に注目すると）人体は，示性数が 3 だと言う．

9．示性数と位相幾何

§1．前回の復習

前回の話の復習から始めよう．代数曲線

$$C: x^2+y^2-1=0$$

を，複素射影平面 $\boldsymbol{P}^2$（これは，空間的拡がりとしては，4次元）内の2次元的拡がり，すなわ曲面とみた時，これは球面と1対1双連続（これを**同相**と言う．）である事を知った．また，代数曲線

$$D: y^2-x(x-1)(x-2)=0$$

は，曲面とみた時，一人用浮き袋と同相である事を知った．

一般に，$\boldsymbol{P}^2$ 上の非特異 n 次曲線を，曲面とみた時，これは可符号で（つまり，裏表の区別がされて），閉じた（つまり，有限だが境界のない）曲面である．

位相幾何学（**トポロジー**とも言う．図形の，同相のもとで不変な性質を研究する幾何学）の基本的結果によれば，可符号閉曲面は，（同相な曲面を同じ仲間とみると）示性数 g で分類される．（図9－1）

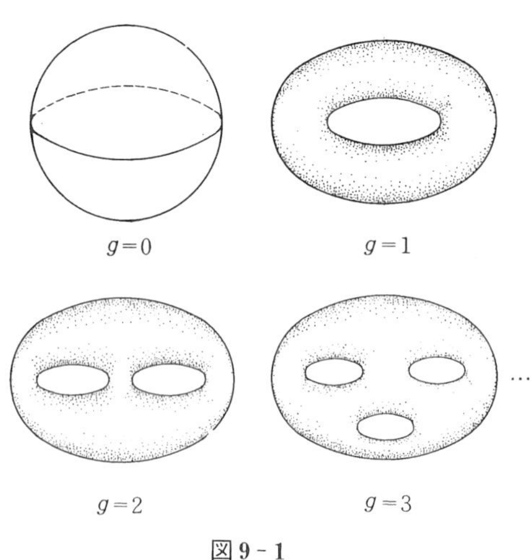

図9－1

すなわち示性数が g とは，g 人用浮き袋と言う事である．我々の非特異 n 次

曲線も，曲面とみた時，これらのどれかと同相である．どれと同相になるであろうか．言いかえると，g は何か．

結論を言うと

$$g=\frac{(n-1)(n-2)}{2}$$

である．この事を以下に説明しよう．

§2．オイラーの公式

オイラー（1707-1783）と言う昔の数学者は，非常に多くの定理，公式を発見している．次に述べる公式も，彼の発見とされる．

凸多面体 P が任意に与えられたとする．その頂点（vertex）の数を v，辺（side）の数を s，面（face）の数を f とすると

オイラーの公式

$$v-s+f=2$$

例えば，四面体 P では，$v=4, s=6, f=4$ で，$v-s+f=2$ が確かに成立している．（図 9 - 2）

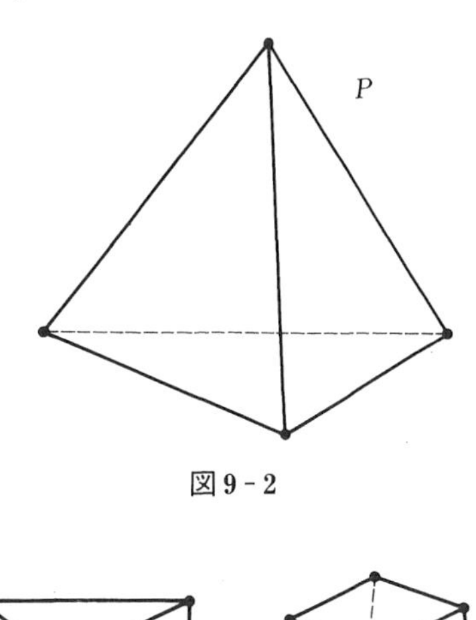

図 9 - 2

問 1．図 9 - 3 の凸多面体について，オイラーの公式を確かめよ．

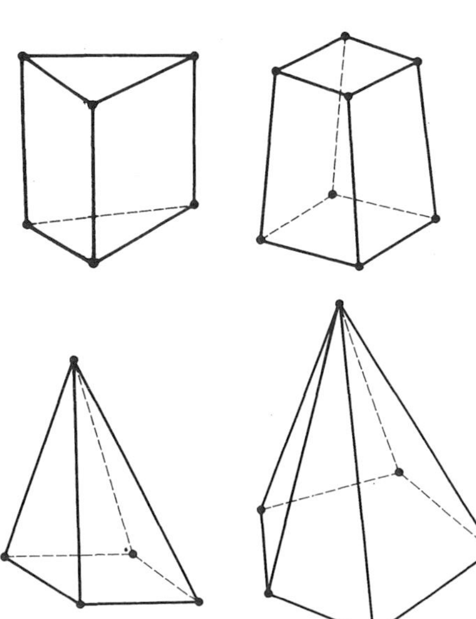

図 9 - 3

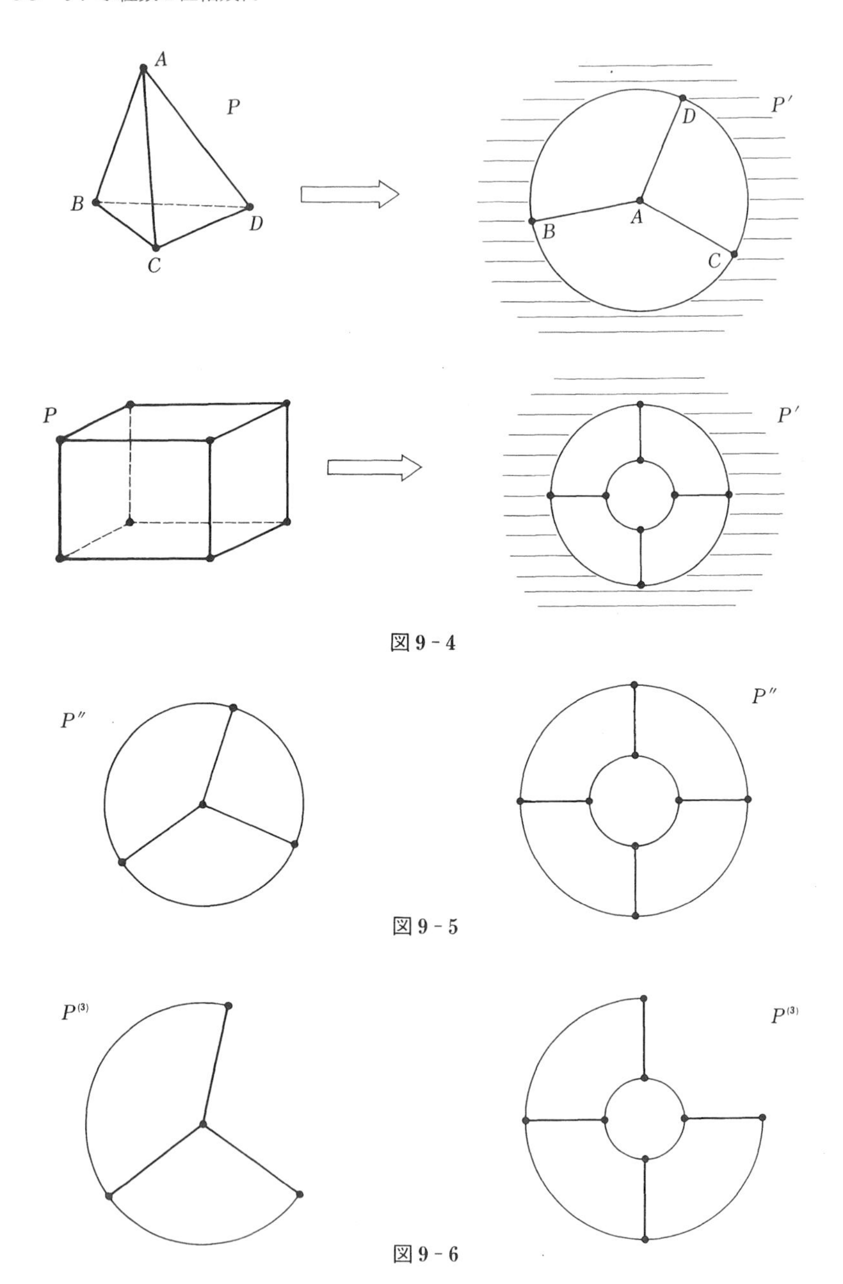

図 9－4

図 9－5

図 9－6

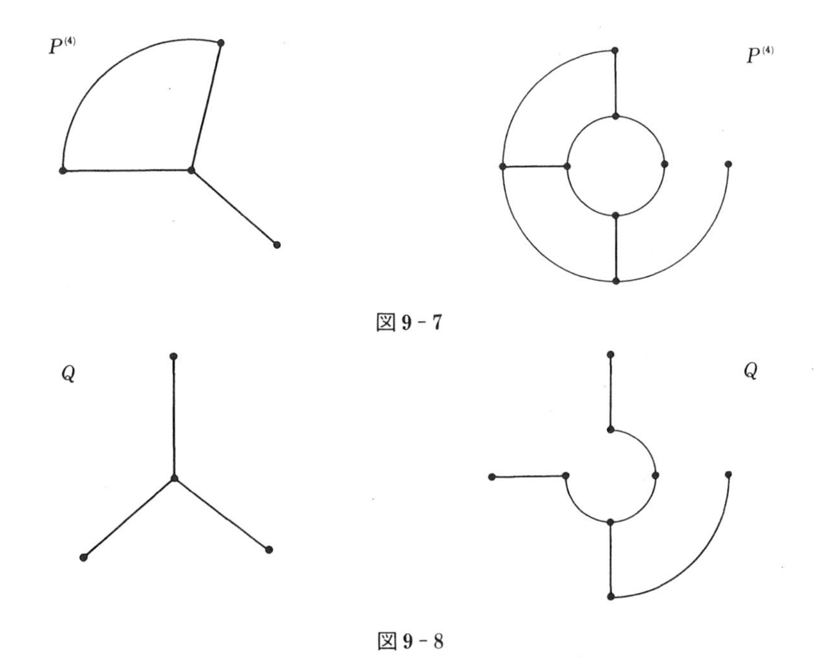

図9-7

図9-8

この公式の，一番簡単でトポロジカルな証明は，次のように行なう．

凸多面体の内部は空洞で表面がゴムで出来ていると考える．今，ひとつの面を切りとって，そこに指を入れて，うんと引き伸ばし，平面上に張りつけたとする．（図9-4）

張り付けられた図形 P' において，v と s は，P のそれらと変らず，面の数のみ，ひとつ減って $f-1$ となる．そこで P' の外側の領域を面と考えて P' につけ加えてやれば，面の数も再び f になる平面図形 P'' が得られる．（図9-5）

この P'' に対して，$v-s+f=2$ を証明しよう．

今，辺を一本，消してみる．（図9-6）こうして得られた図形 $P^{(3)}$ でも，v の数は P'' のそれと変らないが，辺と面の数が，ひとつずつ減ってしまう．従って，$v-s+f$ は，P'' のそれと変らない．

さらに，辺を一本消す．（図9-7）こうすると，両側が同じ領域（面）となっている辺が生じ得るが，やはり，この図形 $P^{(4)}$ の $v-s+f$ は，$P^{(3)}$

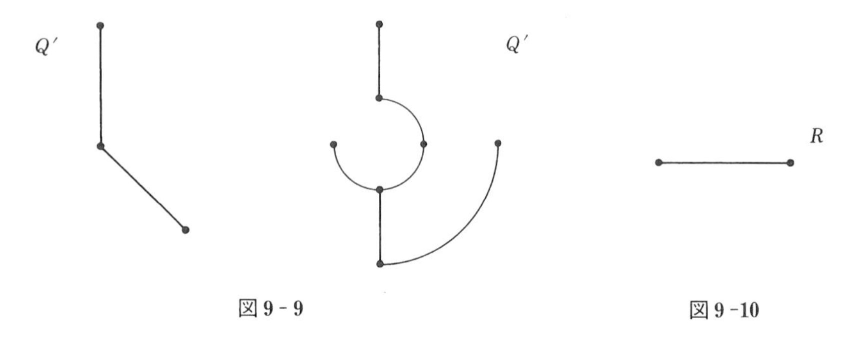

図9－9　　図9－10

のそれと変らない．

さらに，ことなる領域（面）の境界になっている辺を次々に消してゆく．結局，最後に，面が唯ひとつで，頂点と辺とが一本につながった，木の枝のような図形 Q が得られる．（図9－8）Q に対する $v-s+f$（この f は1である．）は，P のそれと変らない．

今度は，Q に対し，その端から，頂点ひとつ，辺ひとつを消す．（図9－9）

やはり，$v-s+f$ は変らない．これをつづけると，ついに殺風景な図形 R（図9－10）が得られる．

この R では，$v=2, s=1, f=1$ 故，$v-s+f=2$ である．従って，もとの P でも，$v-s+f=2$ である．

かくして，オイラーの公式は証明された．

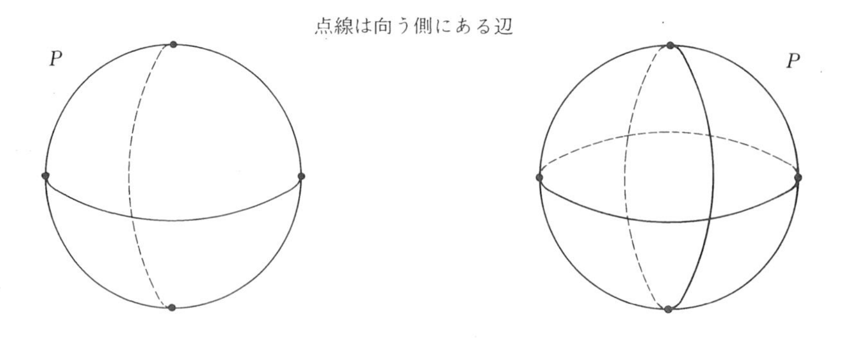

図9－11

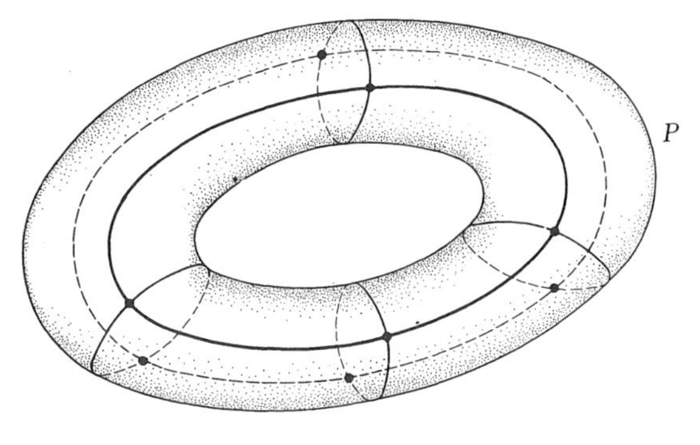

図 9-12

オイラーの公式は，トポロジーの公式である．凸多面体を双連続写像で変形し，球面とその上の（曲線）多面体分割とみてよい．（図 9-11）

それでは，示性数 g の可符号閉曲面上の（曲線）多面体分割 P では，$v-s+f$ はどうなるか？（図 9-12）

答は，次の定理である．

定理 9.1（オイラー-ポアンカレの公式） 示性数 g の可符号閉曲面上の多面体分割 P の，頂点，辺，面の数をそれぞれ，v, s, f とすると，$v-s+f=2-2g$.

例えば，図 9-12では，$g=1, v=8, s=16, f=8$ で，ぴったり合っている．

この定理の証明には，上の証明法は使えず，次のような工夫が必要である．

例えば，図 9-12のような場合，頂点にぶつからない所で，浮き袋にハサミを入れて，切って伸ばす．（図 9-13）こうすると，円筒の多面体分割 P' が得られるが，さらに(イ)境界と辺がぶつかった所（偶数個生ずる）を新たに頂点に加え，(ロ)分割された境界の各部分を辺と考え，(ハ)筒の両端をふさいで面として，新しい多面体分割 P'' が得られる．（図 9-14）

しかるに，この P'' は，球面の多面体分割に他ならないので，P'' の方

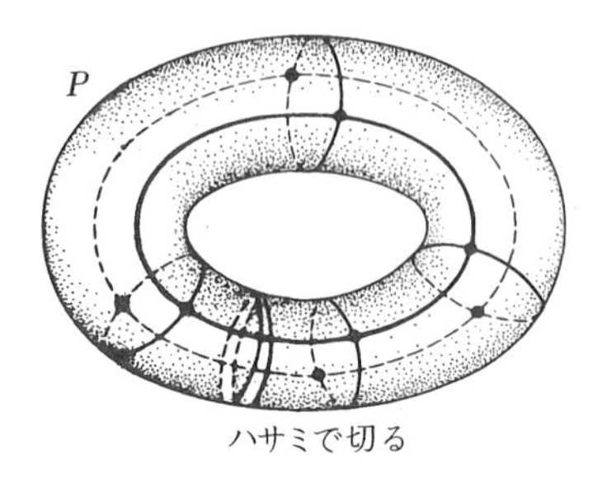

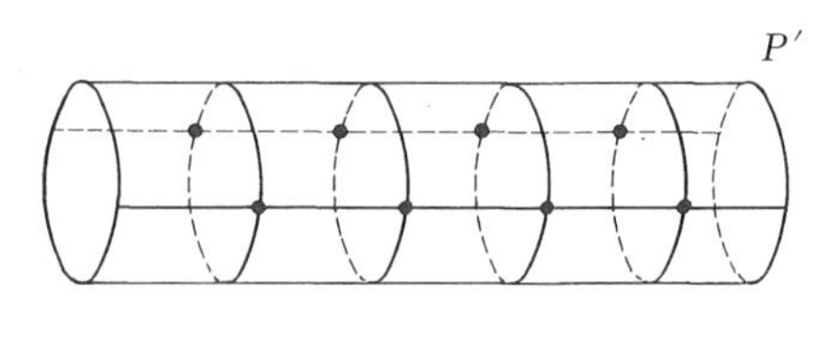

図 9 -13

は，オイラーの公式より

$$v-s+f=2$$

が成立している．さて，P'' は，P に比べて，頂点がもし $2k$ 個（図 9 -14の場合は，$k=2$）ふえているとすると，辺の数が $3k$ 本ふえ，面の数は $k+2$ 個ふえている．従って，もとの P の方の $v-s+f$ は，

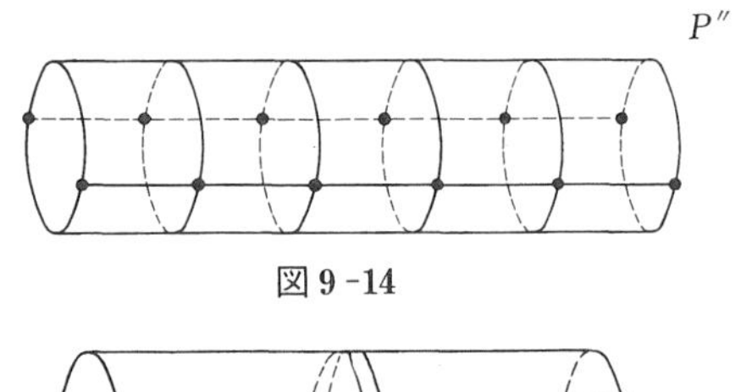

図 9 -14

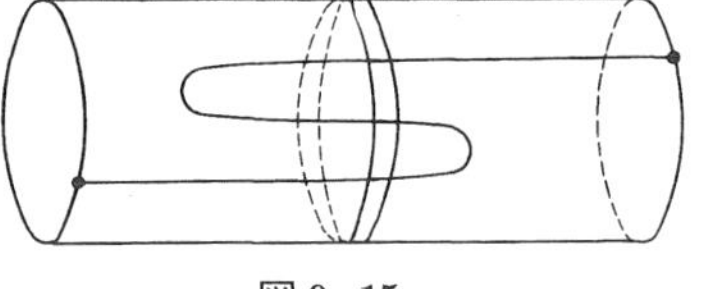

図 9 -15

$$v-s+f=2-2k+3k-(k+2)=0=2-2g$$

となる．これで，定理の $g=1$ の場合が証明された．

一般の g の場合の証明も，これと類似であるので，推測されたい．（図 9 -16）

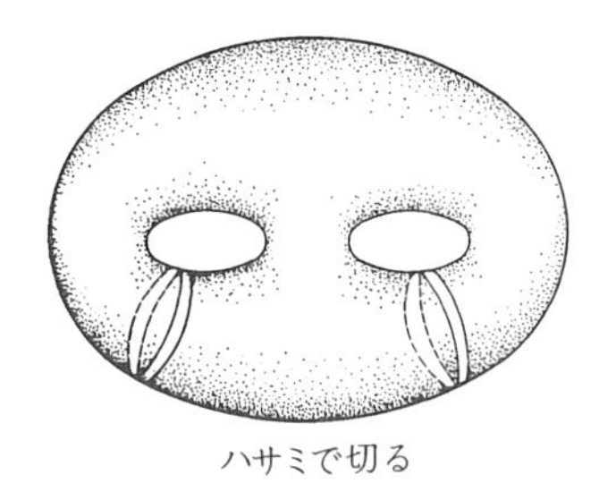

のばす

図 9 -16

注．多面体分割 P をもった浮きぶくろをハサミで切る時、切り口とぶつかる P の辺がグニャグニャしていて，同じ辺が再び切り口とぶつかるような P だと，上の証明は，うまくゆかない．（図 9-15）この場合は，P も切り口も，適当に変形し，切り口と辺とが一点でのみ，ぶつかるようにせねばならない。

§3．リーマン-フルヴィッツの公式

以前（第3回）に述べた事だが，定数でない有理関数は，複素球面 $\widehat{C}$ からそれ自身の上への，特殊な連続写像とみられる．例えば

$$f: z \longmapsto w = z^3 - 3z$$

は，$\varDelta = \{1, -1, \infty\}$ とおくと，（$f(\varDelta) = \{-2, 2, \infty\}$ であって）$\widehat{C} - \varDelta$ から $\widehat{C} - f(\varDelta)$ の上への，局所同相，3対1写像である．（図 9-17）ここに，**局所同相**とは，$\widehat{C} - \varDelta$ の各点 p に対し，p を含む（小さい）領域（これを，簡単のため，p の**近傍**と呼ぼう．）があって，f を U に制限すると，U から $f(U)$ への同相写像になっている，という事である．f は，さらに，$\varDelta$ の点，例えば $z=1$ に対し，1の近傍 U があって，

$$f: U - \{1\} \longrightarrow f(U) - \{2\}$$

が局所同相，2対1写像になっている．（$U - \{1\}$ とは，U から，一点 $z=1$ をのぞいた集合の事．$f(U) - \{2\}$ も同様．）この時，$z=1$ は，f の分岐点で，f のそこでの分岐指数が2であると言う．同様に，$z=-1$, $z=\infty$ も，f の分岐点で，それらの点での f の分岐指数は，それぞれ，2，3であると言う．f は $\varDelta$ で分岐する分岐被覆写像であると言う．

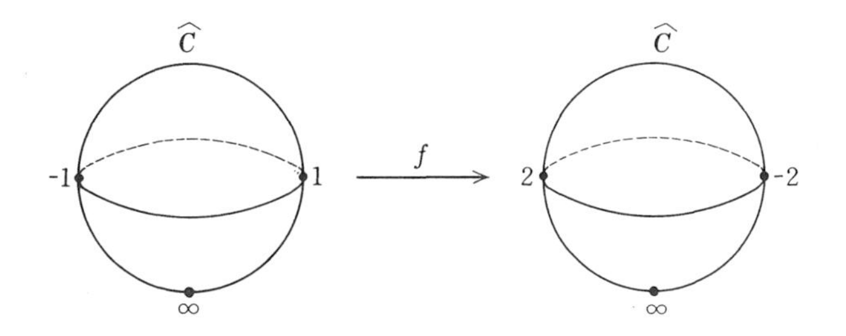

図 9-17

一般に，可符号閉曲面 M から N の上への連続写像 f で，上例の f と同様の条件をみたす時，$f: M \longrightarrow N$ を，分岐被覆写像(branched covering map) と言う．くわしく言うと，M の点の有限集合 $\varDelta=\{p_1, \cdots, p_m\}$ があって

$$f: M-\varDelta \longrightarrow f(M-\varDelta)$$

が，局所同相，n 対 1 写像(正確には，$f: M-f^{-1}(f(\varDelta)) \longrightarrow N-f(\varDelta)$ が n 対 1) となり，各 p_j の近傍 U_j があって

$$f: U_j-\{p_j\} \longrightarrow f(U_j)-\{f(p_j)\}$$

が局所同相，e_j 対 1 写像 (ただし，$2 \leq e_j \leq n$) となる時，f を**分岐被覆写像**と言う．n を f の**写像度**と言い，$\deg(f)$ であらわす．各 p_j を f の**分岐点**と言い，e_j を f の p_j での**分岐指数**と言う．

定理 9．2 (**リーマン-フルヴィッツの公式**)　可符号閉曲面 M，N の示性数を，それぞれ g，g' とし，$f: M \longrightarrow N$ を分岐被覆写像とする時，

$$2-2g=n(2-2g')+\Sigma_p(e_p-1)$$

ここに，$n=\deg(f)$ で，Σ は f の分岐点 p 全体にわたり，e_p は，f の p での分岐指数である．

証明．$\varDelta$ を f の分岐点全体の集合とする．$f(\varDelta)$ は，N の点の有限集合である．今，N の多面体分割 P で，$f(\varDelta)$ の各点が，P の頂点になっているものをとる．(初めにとった P が，この条件をみたさない時は，$f(\varDelta)$ の点と P の頂点を適当に線で結んで，条件をみたす新しい多面体分割を作り得る．)

次に P を写像 f で引きもどすと，M の多面体分割 P' が得られる．

P の頂点，辺，面の数を，それぞれ v, s, l とし，P' のそれらを，それぞれ v', s', l' とおくと，あきらかに

$$s'=ns, \; l'=nl$$

である．ところが，頂点の数 v' は v の n 倍にはならず，分岐点 p の所で，e_p-1 だけ減ってしまう．それ故，オイラー-ポアンカレの公式 (定

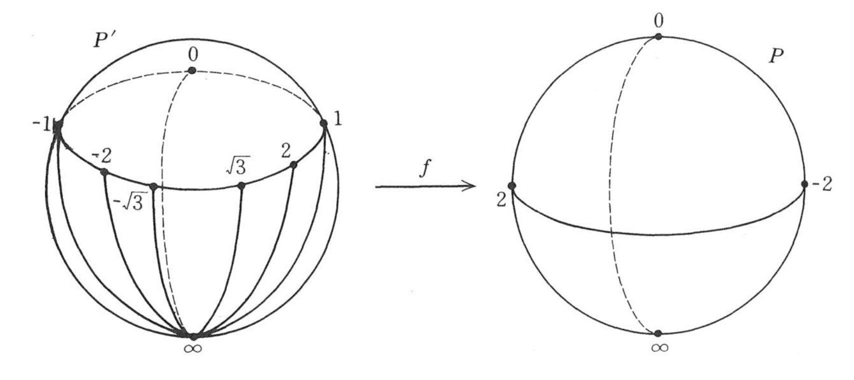

図 9-18

理9．1）より

$$\begin{aligned}2-2g=v'-s'+l'&=\{nv-\Sigma_p(e_p-1)\}-ns+nl\\&=n(v-s+l)-\Sigma_p(e_p-1)\\&=n(2-2g')-\Sigma_p(e_p-1).\end{aligned}$$

証明終.

問2．上例　$f: z \longmapsto w=z^3-3z$, 及び P：w-球面上の四面体分割，について，今の証明をたどってみよ．（図 9-18）（証明の内容が良く理解出来る．）

§4．示性数公式

リーマン-フルヴィッツの公式を用いて，代数曲線

$$C: y^2-x(x-1)(x-2)=0$$

の示性数が1である事を証明しよう．

C から，直線　$L: y=0$ への正射影

$$f: (x, y) \longmapsto x$$

を考える．ただし，$f((0:1:0))=(1:0:0)$ とおく．ここに，$(0:1:0)$ 等は，$x=Z_1/Z_3$, $y=Z_2/Z_3$ とおいての $\boldsymbol{P}^2$ の斉次座標 $(Z_1:Z_2:Z_3)$ に関しての，無限遠直線 L_∞：$Z_3=0$ 上の点 $(0:1:0)$ 等の事である．f は $(0:1:0)$ 中心の射影でもある．（図 9-19）

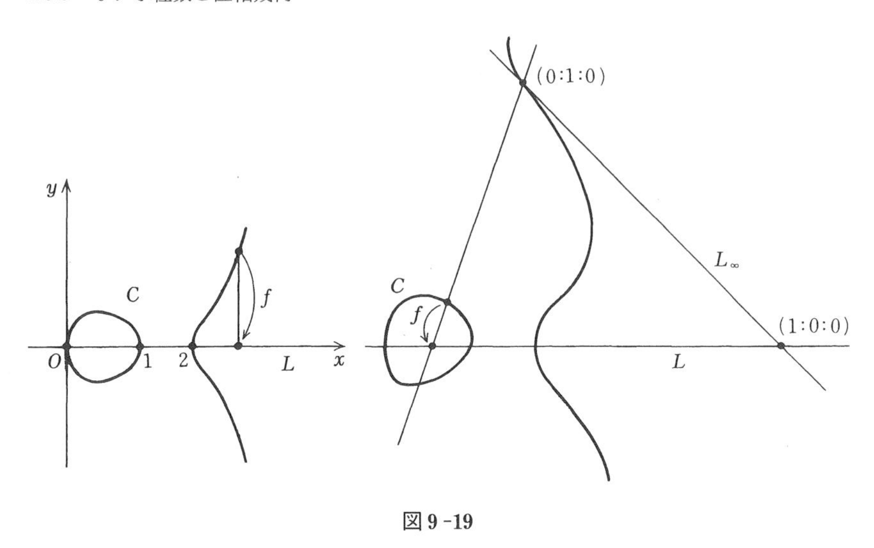

図 9-19

f は分岐写像で $\deg(f)=2$ となり，分岐点は $(0,0)$, $(1,0)$, $(2,0)$, $(0:1:0)$ で，いずれの点でも，分岐指数が 2 である．それ故，リーマン-フルヴィッツの公式を $f: C \longrightarrow L$ に用いると，C の示性数を g として，(L は球面と同相故)

$$2-2g=2(2-2\cdot 0)-\Sigma_p(e_p-1)=4-4(2-1)=0$$

これより，$g=1$ が得られる．

一般の非特異 n 次曲線

$$C: f(x,y)=0$$

の示性数も，同様の議論で求める事が出来る．

すなわち，今，$\boldsymbol{P}^2$ に適当な射影変換（座標変換）をほどこす事によって，C に対し，点 $p_0=(0:1:0)$ と無限遠直線 $L_\infty: Z_3=0$ が，一般の位置にあると仮定してよい．この意味は，(イ) p_0 が C 上になく，p_0 中心の射影

$$f:(x,y)\longmapsto x$$

が，分岐被覆写像 $f: C \longrightarrow L$,（$L: y=0$），として，(ロ)各分岐点 $p_1, \cdots, p_m$ での分岐指数は 2 で，(ハ) $f(p_1)=q_1, \cdots, f(p_m)=q_m$ は互いにことなり，(ニ) $L_\infty \cap C$ の各点は，f の分岐点でない，と言う事である．(図 9-20)

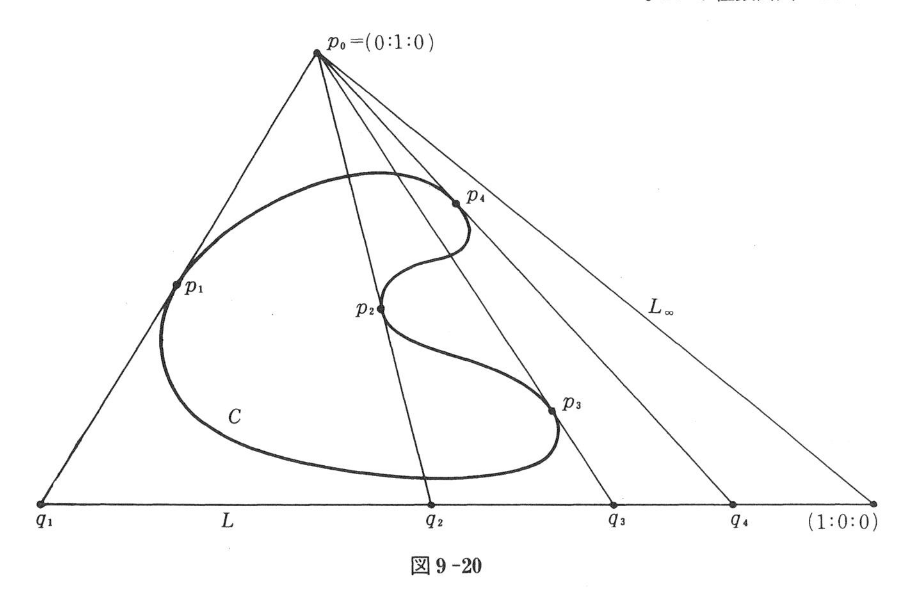

図 9-20

分岐点 $\{p_1, \cdots, p_m\}$ の個数 m は，p_0 からひいた C への接線の数に他ならない．それは，(x を固定して) $f(x, y)=0$ を y についての方程式 (これは $p_0 \notin C$ 故，n 次方程式) とみる時，重根が生ずるような $x=q_1, \cdots, q_m$ の個数 m に等しい．従って，$q_1, \cdots, q_m$ は，連立方程式

$$\begin{cases} f(x, y)=0 \\ \dfrac{\partial f}{\partial y}(x, y)=0 \end{cases}$$

より，y を消去して求められる．ところが，ベズーの定理 (第7回の話，参照) より，これら二曲線の交点 $p_1, \cdots, p_m$ の個数 m は $n(n-1)$ に等しい．$m=n(n-1)$．

さて，この $f: C \longrightarrow L$ に，リーマン-フルヴィッツの公式を適用すると，C の示性数を g とおいて

$$2-2g=n(2-2\cdot 0)-m(2-1)=2n-n(n-1)=3n-n^2$$

故に

$$g=\frac{(n-1)(n-2)}{2}$$

が得られる．かくして

定理9．3（示性数公式）　非特異 n 次曲線の示性数は，$(n-1)(n-2)/2$ である．

§5．示性数公式（そのII）

示性数は，特異点をもつ**既約**曲線にも定義出来る．例えば三次曲線

$$C: y^2-x^3=0$$

は，原点を単純カスプと呼ばれる特異点とする既約曲線である．（図9-21）

これを $\boldsymbol{P}^2$ 内での曲面とみた時の形状は，大略図9-22のようになる．（本当は，奇妙にねじれている．）この場合，

$$f: t\in\widehat{\boldsymbol{C}} \longmapsto (x, y)=(t^2, t^3)\in C$$

（ただし，$f(\infty)=(0:1:0)$）なる写像 f は，複素球面 $\widehat{\boldsymbol{C}}$ から C の上への同相写像である．それ故，C の示性数を 0 と定義する．

次に，三次曲線

$$C: y^2-x^3-x^2=0$$

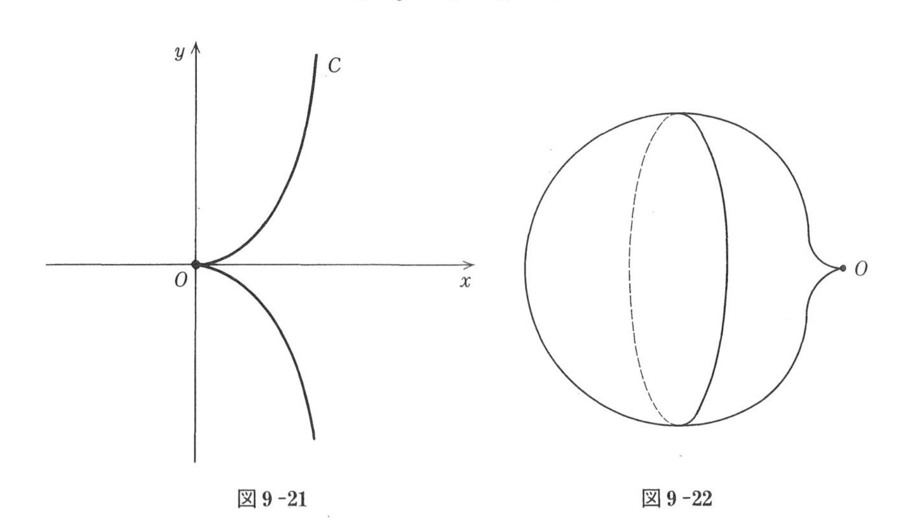

図9-21　　図9-22

は，原点を通常二重点（ノード）と呼ばれる特異点とする既約曲線である．(図 9-23)

図 9-23

これを $\boldsymbol{P}^2$ 内での曲面とみた時の形状は，描きづらい．自分自身と一点 O のみで，(接しないで)交わっている．(図 9-24)

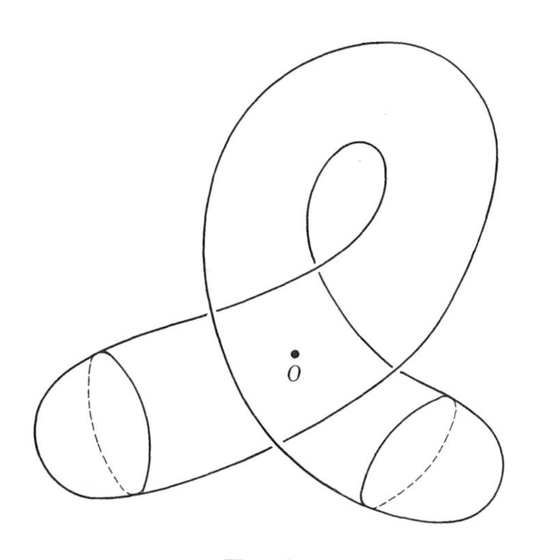

図 9-24

今，原点をとおり，傾き t の直線 $y=tx$ と C との交点を (x, y) とし，連続写像

$$f : t\in \widehat{\boldsymbol{C}} \longmapsto (x, y)\in C$$

を考える．(ただし，$f(\infty)=(0:1:0)$ とおく．)（図 9-23)

問 3．x，y を t であらわせ．

f は，$f(1)=f(-1)=O$ であるが，これらをのぞくと

$$f : \widehat{\boldsymbol{C}}-\{1, -1\}\longrightarrow C-\{0\}$$

は，同相写像になる．それ故，C の示性数を，0 と定義する．

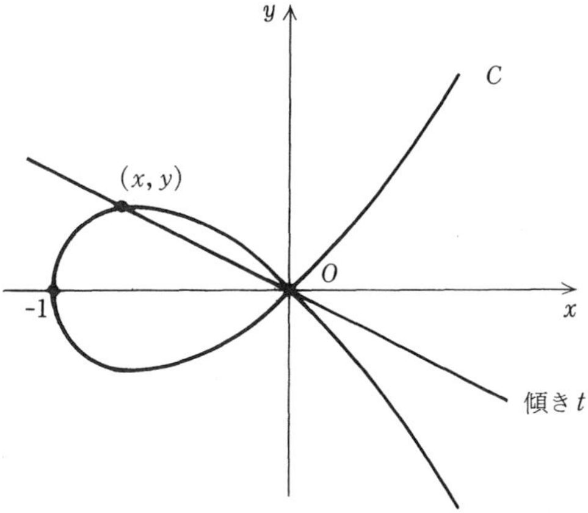

一般に，既約曲線 C に対し，ある可符号閉曲面 M と，M から C の上への連続写像 f で，M からある有限集合 $\varDelta$ をのぞくと

$$f : M-\varDelta\longrightarrow C-f(\varDelta)$$

が同相写像となるような対 (M, f) の存在が（容易ではないが）示される．この M の示性数を，C の**示性数**と定義する．（この数は，(M, f) のとり方によらない．）

一般の C に対し，C の示性数を与える公式が存在する．

定理 9．4　（一般示性数公式）　C を既約 n 次曲線とし，その示性数を g とすると

$$g=\frac{(n-1)(n-2)}{2}-\Sigma_p\delta_p.$$

ここに Σ は，C の特異点 p にわたる．

ただし，δ_p は，特異点 p で決まる自然数で，その定義は，抽象代数的で，むずかしい．念のため述べるが，読みとばして，さしつかえない．

$O_{C,p}$ を p の回りの C 上の正則関数の芽全体の作る環とし，$\widehat{O}$ を，$O_{C,p}$ の全商環内での整閉包とする時，商環 $\widehat{O}/O_{C,p}$ の複素ベクトル空間としての次元を δ_p と定義する．

独白．やれやれ，またこんな衒学的説明をしてしもうた．真の幾何学者だった，亡くなられた恩師Ｓ先生は，あの世で苦笑いしているに違いない．

特異点 p が，ノード又は単純カスプの時は，$\delta_p=1$ である．（逆も言える．）それ故

系 9．5．　C を，s 個のノードと，t 個の単純カスプのみを特異点にもつ既約 n 次曲線とすると，その示性数 g は，

$$g=\frac{(n-1)(n-2)}{2}-s-t$$

で与えられる．

問 4．　9 個の単純カスプを持つ既約 6 次曲線の示性数を求めよ．

注．加藤［10］は，トポロジー（位相幾何学）についての，すぐれた入門書である．

10. リーマン面，出現す

§1．解析関数

前回は，代数曲線の示性数等，位相幾何学的構造を論じた．今回は，複素解析学的構造を論ずる．(今回の話は，かなりむずかしいので，そのつもりで読んで下さい．)

解析関数の定義から始めよう．複素数の数列

$$z_1=x_1+y_1i,\ z_2=x_2+y_2i,\ \cdots,\ z_n=x_n+y_ni,\ \cdots \qquad \cdots(1)$$

が $z_0=x_0+y_0i$ に**収束する**とは，実数の二数列

$$x_1,\ x_2,\ \cdots,\ x_n,\ \cdots$$

$$y_1,\ y_2,\ \cdots,\ y_n,\ \cdots$$

が，それぞれ x_0, y_0 に収束する事である，と定義する．$z_n \longrightarrow z_0\ (n\rightarrow+\infty)$ と記す．z_0 を数列(1)の**極限値**と言う．不等式

$$\max\{|x|,|y|\}\leqq|x+yi|=\sqrt{x^2+y^2}\leqq|x|+|y|$$

を用いると $z_n\longrightarrow z_0$ ($n\rightarrow+\infty$) とは，$|z_n-z_0|\longrightarrow 0$ ($n\rightarrow+\infty$) に他ならない．例えば

$$z_n=\left(1+\frac{1}{n}\right)+\left(1-\frac{1}{n}\right)i\longrightarrow 1+i \qquad (n\rightarrow+\infty).$$

数列(1)が（ある複素数に）収束する必要十分条件は次のコーシーの条件で，証明は実数の数列の場合と全く同様である．

定理10．1（コーシー） 数列(1)が収束するための必要十分条件は，任意の正数 ε に対し，自然数 $N=N(\varepsilon)$ が存在して，$|z_n-z_m|<\varepsilon$ が全ての $n, m\geqq N$ に対し成立する事である．

次に，複素数の**級数**

$$z_1+z_2+\cdots+z_n+\cdots \quad \cdots(2)$$

が**収束する**とは，

$$S_n=z_1+\cdots+z_n$$

とおいた時，数列

$$S_1, S_2, \cdots, S_n, \cdots$$

が収束する事である．この極限値を級数(2)の**和**と言う．定理10．1より

系10．2　級数(2)が収束するための必要十分条件は，任意の正数 ε に対し，自然数 $N=N(\varepsilon)$ が存在して，$|z_n+z_{n+1}+\cdots+z_m|<\varepsilon$ が全ての $m\geqq n\geqq N$ に対し成立する事である．

系10．3　級数(2)が収束するならば，$|z_n|\longrightarrow 0$（$n\to+\infty$）．

さて，級数(2)に対し，正項級数

$$|z_1|+|z_2|+\cdots$$

が収束する時，(2)は**絶対収束する**と言う．

$$|z_n+z_{n+1}+\cdots+z_m|\leqq|z_n|+|z_{n+1}|+\cdots+|z_m|$$

故，系10．2より，絶対収束する級数は収束する．例えば複素数 z を $|z|<1$ とする時，級数

$$1+z+z^2+\cdots \quad \cdots(3)$$

は絶対収束し，その和は $\dfrac{1}{1-z}$ である．（**問1**．確かめよ．）

今，z 及び $a_0, a_1, \cdots$ を複素数として，

$$a_0+a_1z+a_2z^2+\cdots+a_nz^n+\cdots \quad \cdots(4)$$

なる級数を，**巾級数**（べききゅうすう）と言う．これは非常に重要な級数である．(3)は $a_0=a_1=\cdots=1$ である巾級数である．また，n 次多項式は，$a_{n+1}=a_{n+2}=\cdots=0$ である巾級数とみなしうる．

大学の微積分で（実数の）巾級数をすでに習っている読者もおられることと思う．巾級数の大切さは，多くのよく知られた関数が，巾級数に

展開される事にある：

$$e^x = 1 + \frac{1}{1!}x + \frac{1}{2!}x^2 + \cdots$$

$$\sin x = x - \frac{1}{3!}x^3 + \frac{1}{5!}x^5 - \cdots \qquad \cdots(5)$$

$$\cos x = 1 - \frac{1}{2!}x^2 + \frac{1}{4!}x^4 - \cdots$$

定理10．4（アーベル）　巾級数(4)が $z=z_0$ （$\neq 0$）で収束するならば，$|z|<|z_0|$ なる任意の z で絶対収束する．

証明　系10．3より，正数 M が存在して

$$|a_n z_0^n| \leqq M \qquad (n=0,1,\cdots)$$

が成立する．この時，$|z|<|z_0|$ なる z に対し

$$|a_n z^n| = |a_n z_0^n||z^n/z_0^n| \leqq M|z/z_0|^n \qquad (n=0,1,\cdots)$$

となり，正項級数

$$M + M|z/z_0| + M|z/z_0|^2 + \cdots$$

は $M/(1-|z/z_0|)$ に収束するので，(4)は $|z|<|z_0|$ なる任意の z で，絶対収束する．　**証明終**

この定理より，次がすぐわかる．

系10．5　巾級数(4)に対し，次の性質をもつ正数 R（0 又は $+\infty$ も特別な場合として含む）が唯一存在する．(i) $|z|<R$ なる各 z に対し(4)は絶対収束．(ii) $|z|>R$ なる各 z に対し，(4)は収束しない．（**発散する**．と言う．）

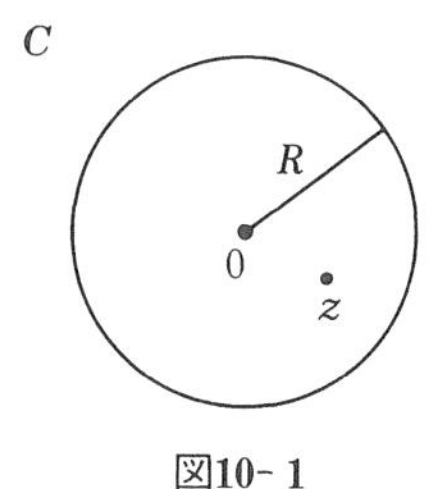

図10-1

この系における R を，巾級数(4)の**収束半径**と言い，ゼロ中心，半径 R の円を，(4)の**収束円**と言う．（図10-1）

例えば，巾級数(3)の収束半径は1であり，多項式を巾級数とみた時の収束半径は $+\infty$ である．

次の定理の証明は省略する．

定理10．6　(i)（**ダランベール**）$|a_n|/|a_{n+1}|$ $(n=0,1,\cdots)$ が収束（又は $+\infty$ に発散）するならば，その極限値が(4)の収束半径に等しい．(ii)（**コーシー**）$\sqrt[n]{1/|a_n|}$ $(n=1,2,\cdots)$ が収束（又は $+\infty$ に発散）するならば，その極限値が(4)の収束半径に等しい．

我々は，巾級数(4)の $a_0, a_1, \cdots$ は定数，z は変数と考える．そうすると(4)は，収束円内で，**複素変数** z の**複素数値関数** $f(z)$ をあらわす．例えば巾級数(3)は，収束円 $|z|<1$ において，関数 $\dfrac{1}{1-z}$ をあらわす．逆に，関数 $\dfrac{1}{1-z}$ は，$|z|<1$ で巾級数(3)に**展開された**と言う．

さて，α を固定した複素数とし，巾級数(4)の z の代りに $z-\alpha$ でおきかえると，級数

$$a_0+a_1(z-\alpha)+a_2(z-\alpha)^2+\cdots \qquad \cdots(6)$$

が得られる．これを α **中心の巾級数**と呼ぶ．収束半径，（α 中心の）収束円の定義は，$\alpha=0$ の時と全く同様である．

次に，複素平面 $\boldsymbol{C}$ の部分集合 D が**開集合**であるとは，D の各点 α に対し，α 中心の適当な小さい円板

$$\Delta(\alpha, r)=\{z\in \boldsymbol{C} \mid |z-\alpha|<r\} \qquad (r>0)$$

をとると，$\Delta(\alpha, r)\subset D$ となる事である．開集合 D が**領域**であるとは，D の任意の二点が D 内の連続曲線で結べる事である．図10-2（ドラクエの世界？）において，海，湖，洞穴（点）を除いた残りの集合が，領域の典型的例である．

ようやく，解析関数の定義が出来る．領域 D 上の複素数値関数 $w=f(z)$ が，**解析的**である（$f(z)$ が**解析関数**である）とは，D の各点 α に対し，$f(z)$ が α 中心の収束半径がゼロでない巾級数に展開出来ることである：

$$f(z)=a_0+a_1(z-\alpha)+a_2(z-\alpha)^2+\cdots$$

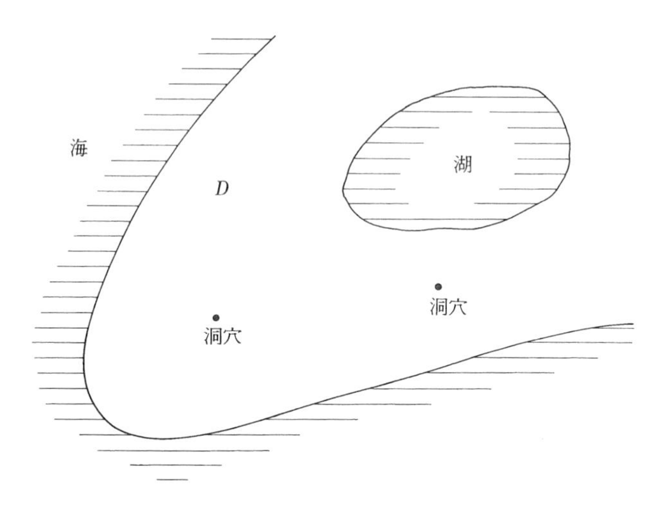

図10-2

（この巾級数展開は，実は唯一とおりしかない．）

次の定理は明らかなようだが明らかな事ではない．

定理10.7　巾級数(6)は，その収束円内において解析関数をあらわす．

この定理は，巾級数であらわされた関数が，収束円内の各点中心に（ゼロでない収束半径をもつ）巾級数に展開出来ると主張している．例えば，$\frac{1}{1-z}$は，$z=\frac{1}{2}$中心に，次のように巾級数展開される：

$$\frac{1}{1-z}=2+4t+8t^2+\cdots+2^{n+1}t^n+\cdots$$

$$\left(t=z-\frac{1}{2}.\quad \text{収束半径は}\ \frac{1}{2}.\right)$$

この定理より，多項式は，全複素平面 $\boldsymbol{C}$ 上解析的である．また，有理式は，分母がゼロになる（有限個の）点を除いた残りである領域で解析的な事が証明される．

次の定理も，明らかな事ではない．

定理10．8　解析関数は連続関数である．すなわち，D の各点 α に対し，$z \longrightarrow \alpha$（すなわち $|z-\alpha| \longrightarrow 0$）ならば，$f(z) \longrightarrow f(\alpha)$．

解析関数の最も深い，驚くべき性質は，次の一致の定理である．

定理10．9（一致の定理）　$f(z)$，$g(z)$ を領域 D 上の解析関数とする．D 内の点 z_0 に収束する D 内の点列(数列) $z_1, z_2, \cdots$ に対し，もし $f(z_1) = g(z_1)$，$f(z_2) = g(z_2), \cdots$ ならば，$f(z)$ と $g(z)$ は恒等的に同じ関数である．

これらの定理の証明は，例えば，高木［17］，又は，吉田［21］等を参照されたい．

最後に，重要な用語を定義する．ふたつの領域 D_1，D_2 に対し，双連続写像（同相写像とも言う）$\varphi : D_1 \longrightarrow D_2$ が，**解析的同型写像**であるとは，φ，φ^{-1} をそれぞれ D_1，D_2 上の関数とみた時，解析的な事である．このような φ が存在する時，D_1 と D_2 は，**解析的に同型**であると言う．

§2．指数関数と三角関数

巾級数

$$1+\frac{1}{1!}z+\frac{1}{2!}z^2+\cdots+\frac{1}{n!}z^n+\cdots$$

の収束半径は（定理10．6，(i)より）$+\infty$ であるので，全複素平面 $\boldsymbol{C}$ 上の解析関数をあらわす．(5)と照らし合せて，この関数を**複素変数の指数関数** e^z と定義する：

$$e^z=1+\frac{1}{1!}z+\frac{1}{2!}z^2+\cdots$$

これは極めて自然であろう．同様に(5)と照らし合せて，**複素変数の三角関数** $\sin z$，$\cos z$ を

$$\sin z=z-\frac{1}{3!}z^3+\frac{1}{5!}z^5-\cdots$$

$$\cos z = 1 - \frac{1}{2!}z^2 + \frac{1}{4!}z^4 - \cdots$$

と定義する．これらも $\boldsymbol{C}$ 上の解析関数である．指数関数の指数法則や三角関数の加法定理が，実変数の時と同じ形に成立する事が（直接，又は一致の定理を用いて)示せる．それのみならず，(絶対収束級数は，和の順序を交換してもよいので）等式

$$e^{iz} = \cos z + i\sin z,$$

$$\cos z = \frac{1}{2}(e^{iz} + e^{-iz}),$$

$$\sin z = \frac{1}{2i}(e^{iz} - e^{-iz}),$$

が成立する(**問2．** 確かめよ.)一見無関係に見えた指数関数と三角関数の間には，実はこのように深い関係が秘められていたのである．特に $z=\theta$ を実数とすると，オイラーの等式

$$e^{i\theta} = \cos\theta + i\sin\theta$$

が得られる．これは絶対値1，偏角 θ の（単位円上の）複素数である．（図10-3）．

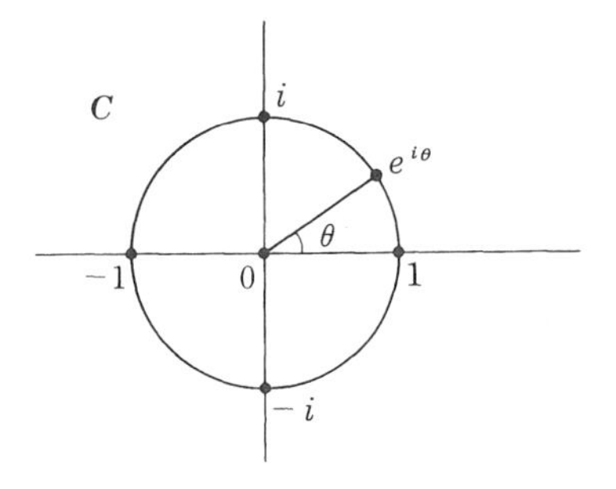

図10-3

特に $\theta=\pi$ とおけば

$$e^{i\pi} = -1$$

が得られる．数学で最も基本的な数 π，e, i が一堂に会した豪華な顔合せである．

§3．陰関数定理

$f(z, w)$ を二変数 z，w の（複素係数の）多項式とする．実変数の場合と全く同様に，偏微分

$$\frac{\partial f}{\partial z}, \frac{\partial f}{\partial w}$$

が定義される．

定理10.10　（陰関数定理）　$f(z_0, w_0)=0$ となる点 (z_0, w_0) をとる．もし $\dfrac{\partial f}{\partial w}(z_0, w_0)\neq 0$ ならば，方程式 $f(z, w)=0$ は，(z_0, w_0) の近傍で，**解析的に，** $w=\varphi(z)$ と解ける．すなわち，$z=z_0$ の近傍で，$w_0=\varphi(z_0)$，$f(z, \varphi(z))=0$ をみたす解析関数 $\varphi(z)$ が唯一存在する．

この定理の証明は，ややこしいので，大体の方針を実例を用いて説明しよう．

$$f(z, w)=w^2-z(z-1)(z-2)$$

として，$f(z, w)=0$ をみたす点 $(z, w)=(3, \sqrt{6})$ をとる．$\dfrac{\partial f}{\partial w}=2w$ 故，$\dfrac{\partial f}{\partial w}(3, \sqrt{6})=2\sqrt{6}\neq 0$．今，$f(z, w)=0$ が，$w=\varphi(z)$ と解析的に解けたとして，$\varphi(z)$ を

$$\varphi(z)=a_0+a_1t+a_2t^2+\cdots \qquad (t=z-3)$$

と，$z=3$ 中心の巾級数に展開したとする．代入して

$$\begin{aligned}0=f(z, \varphi(z))&=(a_0+a_1t+a_2t^2+\cdots)^2-(3+t)(2+t)(1+t)\\&=(a_0^2-6)+(2a_0a_1-11)t+(2a_0a_2+a_1^2-6)t^2\\&\quad+(2a_0a_3+2a_1a_2-1)t^3+(2a_0a_4+2a_1a_3+a_2^2)t^4+\cdots\end{aligned}$$

これが t について恒等的にゼロ故，（巾級数展開の唯一性より）t についての各次の係数が全てゼロになる：

$$a_0^2=6, 2a_0a_1=11, 2a_0a_2+a_1^2=6, \cdots$$

第一式より $a_0=\pm\sqrt{6}$ だが，$\varphi(3)=\sqrt{6}$ なので，$a_0=\sqrt{6}$．これを第二式に代入して，$a_1=11/(2\sqrt{6})$．これを第三式に代入して $a_2=23/(48\sqrt{6})$ 等々．次々に係数 a_n が決ってゆく．（第二式の左辺にあらわれる $2a_0$ が $\dfrac{\partial f}{\partial w}(3, \sqrt{6})$ に他ならない．これがゼロでないので，a_1 が求まる．）

$$\varphi(z)=\sqrt{6}+\frac{11}{2\sqrt{6}}t+\frac{23}{48\sqrt{6}}t^2+\cdots \qquad (t=z-3).$$

次に（優級数のテクニックで）この級数の巾束半径 R がゼロでない事を示すのだが，それは省略する．（実は $R=1$ である．）

系10.11　$f(z_0, w_0)=0$ なる点 (z_0, w_0) で $\dfrac{\partial f}{\partial w}(z_0, w_0)\neq 0$，$\dfrac{\partial f}{\partial z}(z_0, w_0)\neq 0$ とする．(z_0, w_0) の近傍で $f(z, w)=0$ を解析的に $w=\varphi(z)$ と解いた時，φ は解析的同型写像である．

証明　$f(z, w)=0$ は，（z と w を交換した）定理10.10より，(z_0, w_0) の近傍で $z=\psi(w)$ とも解析的に解ける．あきらかに，ψ は φ の逆写像である．　**証明終**

§4．リーマン面の概念

今や，我々は，重要な概念である，リーマン面なるものを抽象的に定義出来る．リーマン面とは，ひとことで言えば，解析的構造を持った曲面の事である．くわしく言うと，曲面 S が**リーマン面**であるとは，S の各点の近傍 U_j に，座標 z_j が与えられ，座標変換が解析的同型写像となる事である．よりくわしく言えば，各 U_j から $\boldsymbol{C}$ の領域 D_j への同相写像 $\varphi_j: U_j \longrightarrow D_j$ があって，$U_j \cap U_k$ が空集合でない時

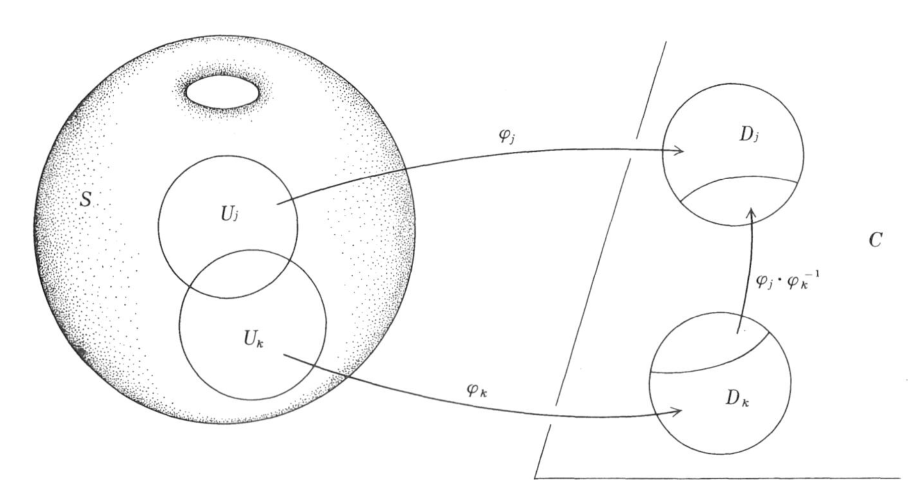

図10- 4

$$\varphi_j\cdot\varphi_k^{-1}:\varphi_k(U_j\cap U_k)\longrightarrow\varphi_j(U_j\cap U_k)$$

が解析的同型写像となる事である．（図10-4）．
（$z_j=\varphi_j(p)$ を点 p の**座標**と言う．）

これは，ややこしい定義だが，現代数学における致命的重要概念と言うべき，**多様体**の定義が，これとほぼ平行であるので，留意されたい．

リーマン面の最も典型的例が，複素球面，すなわち，複素射影直線

$$\hat{C}=\boldsymbol{P}^1=\{(Z_1:Z_2)|(Z_1,Z_2)\neq(0,0)\}$$

である．実際，$\boldsymbol{P}^1$ をふたつの部分集合（開集合）

$$U_1=\{(Z_1:Z_2)|Z_1\neq0\},\quad U_2=\{(Z_1:Z_2)|Z_2\neq0\}$$

の和集合と考え，U_1 に座標 $w=Z_2/Z_1$ を入れ，U_2 に座標 $z=Z_1/Z_2$ を入れると，共通部分

$$U_1\cap U_2=\{(Z_1:Z_2)|Z_1\neq0,Z_2\neq0\}$$

において，座標変換 $w=1/z$（$z=1/w$）は，解析的同型写像である．（図10-5）．

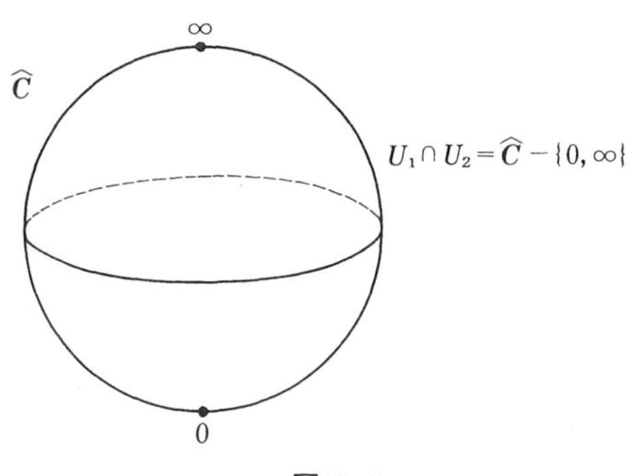

図10-5

ふたつのリーマン面 S, T に対し，S から T への写像

$$f:S\longrightarrow T$$

が，**解析的**であるとは，S の座標 z, T の座標 w を任意にとり，写像 f を座標を用いて（局所的に）$w=f(z)$ とあらわした時，この関数が解析的になる事，と定義する．また，S から T への同相写像 $f:S\longrightarrow T$ が，**解析的同型写像**であるとは，f も f^{-1} も解析的なる事と定義する．このような f がある時，S と T とは**解析的に同型**であると言う．

§5．代数曲線のリーマン面

$F(Z_1, Z_2, Z_3)$ を三変数斉次多項式とし

$$C : F=0$$

を，複素射影平面 $\boldsymbol{P}^2$ 内の代数曲線とする．

定理10.12　C が非特異ならば，（4 次元空間 $\boldsymbol{P}^2$ 内の曲面としての）C はリーマン面である．

証明　C の点 $p=(\alpha_1 : \alpha_2 : \alpha_3)$ を任意にとる．α_1，α_2，α_3 のどれかはゼロでないので，例えば $\alpha_3 \neq 0$ とする．連比で p が決るのだから，$\alpha_3=1$ としてよい．

$$z=Z_1/Z_3,\quad w=Z_2/Z_3$$

とおき

$$f(z, w)=F(z, w, 1)$$

とおくと，$f(z, w)$ は多項式で，$p=(\alpha_1, \alpha_2)$ を零点にもつ：

$$f(p)=f(\alpha_1, \alpha_2)=0$$

p は C の非特異点故，$\dfrac{\partial f}{\partial z}(p)$ か $\dfrac{\partial f}{\partial w}(p)$ のいずれか少くとも一方はゼロでない．

今，$\dfrac{\partial f}{\partial w}(p) \neq 0$ とする．この時，p の近傍での座標として，z 自身をとる．もし，$\dfrac{\partial f}{\partial w}(p)=0$，$\dfrac{\partial f}{\partial z}(p) \neq 0$ の場合は，w の方を座標にとる．座標の変換が解析的同型写像となる事は，系10.11よりわかる．

次に，$Z_3=0$ となる C の点 $p=(\alpha_1 : \alpha_2 : 0)$ をとる．α_1, α_2 のどちらかはゼロでない故，例えば $p=(1 : \alpha : 0)$ としてよい．（$p=(\alpha : 1 : 0)$ の場合も，以下の議論は同様である．）この時

$$u=Z_2/Z_1, v=Z_3/Z_1$$

とおき

$$g(u,\ v)=F(1, u, v)$$

とおくと，前と同様，$\dfrac{\partial g}{\partial v}(p)\neq 0$ 又は $\dfrac{\partial g}{\partial u}(p)\neq 0$ である．$\dfrac{\partial g}{\partial v}(p)\neq 0$ の場合は，p の近傍での座標を u とし，$\dfrac{\partial g}{\partial v}(p)=0$, $\dfrac{\partial g}{\partial u}(p)\neq 0$ の場合は，座標を v とする．

前述の座標 z 又は w とは

$$u=w/z,\quad v=1/z \qquad (z=1/v,\quad w=u/v)$$

故，座標変換は，解析的同型写像である．　**証明終**

例えば，

$$C: y^2-x(x-1)(x-2)=0$$

は，前回述べたように，曲面としては，示性数1で，一人用浮き袋（図10-6）だが，これに座標が入って，リーマン面になっているのである．

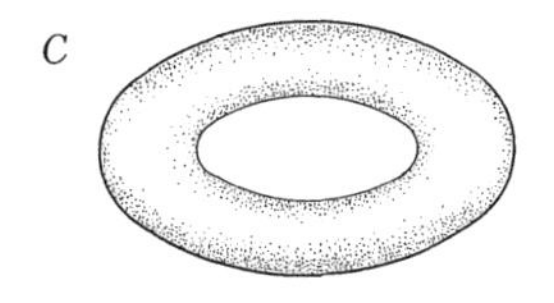

図10-6

それでは，特異点のある既約代数曲線

$$C: F=0$$

は，（曲面として）リーマン面となりうるか？

$\varDelta=\{p_1, p_2, \cdots, p_m\}$ を C の特異点全体とすると，C から，これらの点を除いた残りの集合 $C-\varDelta$ は，リーマン面となる．（この事は，定理10.12の証明と，全く同様にわかる．）

しかし，C 自身は，リーマン面にはなれない．特異点の近傍には，座標がとれないのである．

さりながら，次の定理が成立する（河井[11]参照）．

定理10.13　既約代数曲線 C に対し，$\varDelta$ をその特異点の集合する．C に対し，リーマン面 S と，S から C 上への連続写像 φ で，次をみたすものが（解析的同型をのぞき）唯一存在する．(i) $\varphi: S-\varDelta' \longrightarrow C-\varDelta$ は，解析的同型写像である．ここに $\varDelta'=f^{-1}(\varDelta)$．(ii)各点 $p=p_j\in\varDelta$ に対し，$\varphi^{-1}(p)$ は有限集合で，その個数は，C の p での既約分枝の数に等しい．（この S を，**既約代数曲線 C のリーマン面**と呼ぶ．）

このような S と φ の例は，前回に既に出ている：

$$C_1 : y^2 - x^3 = 0,$$

$$C_2 : y^2 - x^3 - x^2 = 0$$

に対し，S は，いずれも $\hat{\boldsymbol{C}} = \boldsymbol{P}^1$ であって，φ はそれぞれ

$$\varphi_1 : t \in \hat{\boldsymbol{C}} \longrightarrow (x, y) = (t^2, t^3) \in C_1$$

$$\varphi_2 : t \in \hat{\boldsymbol{C}} \longrightarrow (x, y) = (t^2 - 1, t^3 - t) \in C_2$$

で与えられる．（図10-７）

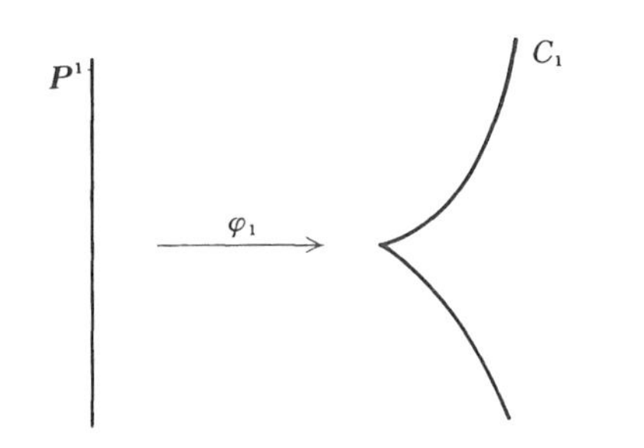

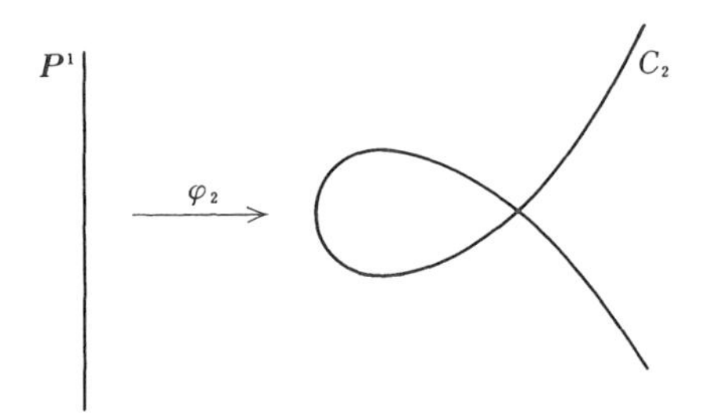

図10-７

11．リーマン面，再び

§1．解析関数

つらつら反省してみるに，前回の話は非常にむずかしかった．新概念である解析関数とリーマン面が，一挙に登場したからである．読者の消化不良を恐れる．大学の数学教育も，短時間に多くつめ込むので，学生の消化不良，数学と数学教師への抜き難い不信，等を生む．拙速はさけねばならない．

今一度，解析関数から話を始めよう．複素変数で複素数値の関数を，以下，**複素関数**と呼ぶ．（ついでに，ふつうの実変数で実数値の関数を，区別するため，**実関数**と呼ぼう．）複素平面 $\boldsymbol{C}$ の領域 D で定義された複素関数 $f(z)$ が**解析的**とは，D の各点 α に対し，$f(z)$ が α 中心の，収束半径がゼロでない巾級数に展開される事である：

$$f(z)=a_0+a_1(z-\alpha)+a_2(z-\alpha)^2+\cdots \qquad \cdots(1)$$

例えば，多項式

$$a_0+a_1z+a_2z^2+\cdots+a_nz^n$$

や，指数関数，三角関数

$$e^z=1+\frac{1}{1!}z+\frac{1}{2!}z^2+\frac{1}{3!}z^3+\cdots$$

$$\sin z=z-\frac{1}{3!}z^3+\frac{1}{5!}z^5-\frac{1}{7!}z^7+\cdots \qquad \cdots(2)$$

$$\cos z=1-\frac{1}{2!}z^2+\frac{1}{4!}z^4-\frac{1}{6!}z^6+\cdots$$

（これらは定義式である）は，全平面 $\boldsymbol{C}$ 上で解析的であり，有理式は分母がゼロの所（有限個の点よりなる）を除いて解析的である．e^z 等は，実

関数としての e^x 等と同様の性質を持つ．例えば

$$e^{z+w}=e^z e^w \qquad (\text{指数法則}) \qquad \cdots(3)$$

$$\sin(z+w)=\sin z\cos w+\cos z\sin w \qquad (\text{加法定理})$$

$$(\sin z)^2+(\cos z)^2=1$$

(2)よりわかるように

$$e^{iz}=\cos z+i\sin z$$

が成立する．指数関数と三角関数は，複素関数として，このような関係にあるのである．特に θ を実数とすると

$$e^{i\theta}=\cos\theta+i\sin\theta \qquad \cdots(4)$$

が成立する．これを，**オイラーの等式**と言う．これより

$$e^{2\pi i}=1$$

が得られ，(3)より

$$e^{z+2\pi i}=e^z$$

が得られる．すなわち，指数関数は $2\pi i$ を周期とする周期関数である．(実数世界のみに安住する人には，思いもよらぬ事である．）なお，$z=x+yi$ とおくと，(3)，(4)より

$$e^z=e^x(\cos y+i\sin y) \qquad \cdots(5)$$

となる．e^z の定義を，逆に(5)で始める先生もいるが，それは鬼面，人を驚かし，学生の評判はよくない．

解析関数は，複素関数の集合の中で，ほんの一部分を占めるにすぎないが，その性質は非常に美しく神秘的である．解析関数の理論を学び研究する人の大多数は，魂をゆり動かされ陶酔する．あまりに陶酔した古人が，この理論を解析関数論と呼ばず，単に関数論と呼んだ．その習慣は現在に及んでいる．

§2．正　則　性

解析関数の多くの性質中，最も著しいものは，次に述べる正則性である．これは解析性と同値であり，この性質の述べやすさの為，ほとんどの関数論の本では，これを出発点にしている．

C の領域 D 上で定義された複素関数 $f(z)$ が，D の点 α で**複素微分可能**とは，z が α に（$z \neq \alpha$ として）限りなく近づく時，比

$$\frac{f(z)-f(\alpha)}{z-\alpha} \qquad \cdots(6)$$

が限りなく，ある一定の複素数 A に近づく事である．この A を $f'(\alpha)$ または $\dfrac{df}{dz}(\alpha)$ と書く．D の各点で複素微分可能な時，$f(z)$ を D 上**正則**であると言う．この場合，$f'(z)$ は D 上新しい複素関数を定義する．これを $f(z)$ の**導関数**と言う．容易に

命題11.1　正則関数の和，差，積，商(ただし分母がゼロになる所は除く)，及び合成関数は，正則で，

$$(f+g)'=f'+g',\ (f-g)'=f'-g',$$
$$(fg)'=f'g+fg',\ (f/g)'=(f'g-fg')/g^2,$$
$$(f\circ g)'=(f'\circ g)g' \qquad \text{（合成関数の微分）}.$$

正則と言う言葉を除けば，以上の事は，実関数の場合の全くのアナロジーである．数学には，このテのアナロジーが，散在している．

ところが，正則性は実関数の可微分性より，はるかに強い性質である．例えば，次の定理は強烈である．

定理11.2　$f(z)$ が正則ならば，導関数 $f'(z)$ も正則である．

そして

定理11.3　正則性と解析性は同値である．$f(z)$ を(1)のように巾級数展開した時，項別微分した巾級数（同じ収束半径）が $f'(z)$ をあらわす：

$$f'(z)=a_1+2a_2(z-\alpha)+3a_3(z-\alpha)^2+\cdots \qquad \cdots(7)$$

(7)と(2)より，

$$(e^z)'=e^z,\ (\sin z)'=\cos z,\ (\cos z)'=-\sin z$$

が得られる．（**問1**　確かめよ．）また，(7)で $z=\alpha$ とおいて

$$f'(\alpha)=a_1$$

を得る．(7)を再び項別微分すると

$$f''(z)=2a_2+6a_3(z-\alpha)+12a_4(z-\alpha)^2+\cdots.$$

ここで $z=\alpha$ とおいて

$$f''(\alpha)=2a_2.$$

一般に

$$f^{(n)}(\alpha)=n!\,a_n,\ \text{すなわち}\ a_n=\frac{f^{(n)}(\alpha)}{n!}$$

が得られ，(1)は

$$f(z)=f(\alpha)+\frac{f'(\alpha)}{1!}(z-\alpha)+\frac{f''(\alpha)}{2!}(z-\alpha)^2+\cdots+\frac{f^{(n)}(\alpha)}{n!}(z-\alpha)^n+\cdots \qquad \cdots(8)$$

と書ける．すなわち，$f(z)$ の巾級数展開(1)は唯一とおりであり，それは**テイラー級数**(8)に他ならない．

§3．コーシー-リーマンの方程式

解析関数は，驚嘆すべき多面性を持つ．次に述べる性質も，その重要なひとつである．

$f(z)$ が $z=\alpha$ で複素微分可能である事の内容を反省してみよう．実変

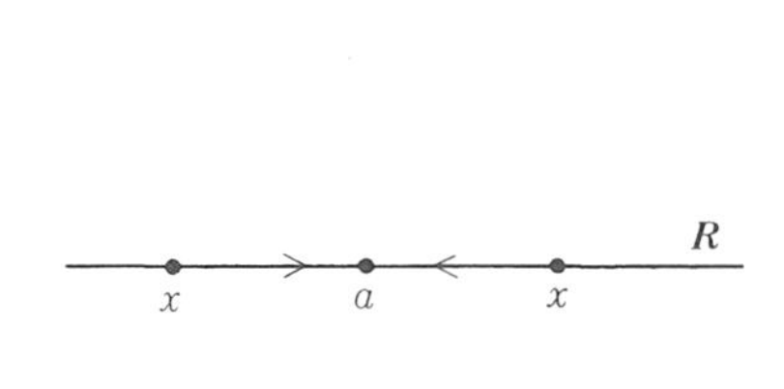

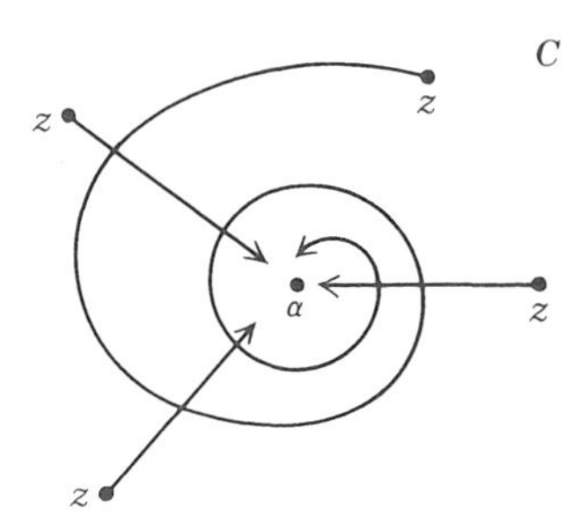

図11-1

数では，$x \to a$ は実直線上，x が a に右からか，左からか，すなわち一次元的にしか近づけないが，複素変数では，$z \to \alpha$ は，二次元的自由度で z が α に近づける．（図11-1）

特に z が，水平方向，垂直方向から α に近づく時の比(6)を考察する．（図11-2）

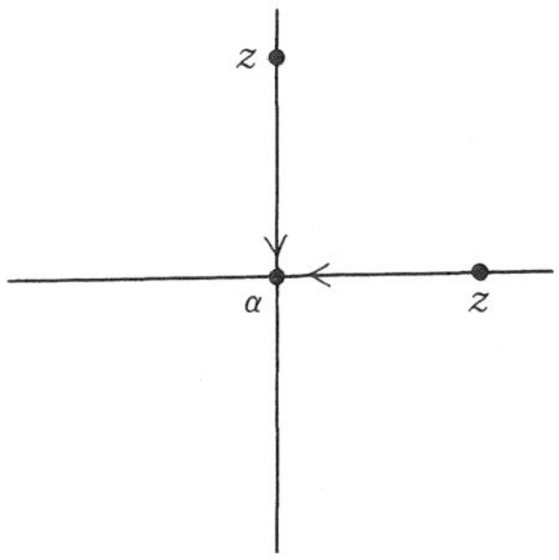

図11-2

今，$f(z)$ を実部，虚部に分けて

$$f(z)=u(z)+iv(z)$$

と書く．u, v は D 上実数値関数である．$z=x+yi$ とふつうの平面上の点 (x, y) を**同一視**して

$$u(z)=u(x, y),\quad v(z)=v(x, y)$$

と書くと，u, v は二変数の実関数とみなされる．$\alpha=a+bi$ として，$z=x+bi \to \alpha$，すなわち $x \to a$ の場合

$$\begin{aligned}\frac{f(z)-f(\alpha)}{z-\alpha}&=\frac{f(x+bi)-f(a+bi)}{x-a}\\&=\frac{\{u(x, b)+iv(x, b)\}-\{u(a, b)+iv(a, b)\}}{x-a}\\&=\frac{u(x, b)-u(a, b)}{x-a}+i\frac{v(x, b)-v(a, b)}{x-a}\end{aligned}$$

が，$f'(\alpha)$ に限りなく近づくので，u, v は (a, b) で x について偏微分可能で

$$f'(\alpha)=\frac{\partial u}{\partial x}(a, b)+i\frac{\partial v}{\partial x}(a, b) \qquad \cdots(9)$$

が得られる．同様に $z=a+yi \to \alpha$，すなわち，$y \to b$ の場合を計算し

$$f'(\alpha)=\frac{\partial v}{\partial y}(a, b)-i\frac{\partial u}{\partial y}(a, b) \qquad \cdots(10)$$

を得る．（**問 2**　(10)を確かめよ．）(9)，(10)より

$$\frac{\partial u}{\partial x}(a, b)=\frac{\partial v}{\partial y}(a, b),\quad \frac{\partial v}{\partial x}(a, b)=-\frac{\partial u}{\partial y}(a, b)$$

が得られる．$f(z)=u(z)+iv(z)$ が D で正則なら，この式が D の各点で成立する：

$$\frac{\partial u}{\partial x}=\frac{\partial v}{\partial y},\quad \frac{\partial v}{\partial x}=-\frac{\partial u}{\partial y} \qquad \cdots(11)$$

これを，**コーシー-リーマンの（偏微分）方程式**と言う．逆に，次の定理が証明される．

定理11．4　（連続偏微分可能な）u, v が，コーシー-リーマンの方程式(11)をみたすならば，$f(z)=u(z)+iv(z)$ は正則関数である．

例えば，e^z を(5)で定義したとすると，これは，コーシー-リーマンの方程式をみたす．（**問3**　確かめよ．）それ故，e^z は正則関数である．

(11)を用いると

$$\frac{\partial^2 u}{\partial x^2}+\frac{\partial^2 u}{\partial y^2}=0,\quad \frac{\partial^2 v}{\partial x^2}+\frac{\partial^2 v}{\partial y^2}=0$$

が得られる．（**問4**　確かめよ．）これは，正則関数の実部と虚部が，物理や工学への応用で大切な，**調和関数**である事を示している．

§4．等　角　性

次に述べる事も，解析関数の重要な性質のひとつである．

領域 D 上の正則関数 $f(z)=u(z)+iv(z)$ を，D から，複素平面 $\boldsymbol{C}$ への写像と考える．この時，$f：D\to\boldsymbol{C}$ を**正則写像**であると言う．正則写像

$$f：z=x+yi \longmapsto f(z)=u(z)+iv(z)$$

を，写像

$$f：(x, y) \longmapsto (u(x, y), v(x, y))$$

と，**同一視**する．この写像 f の**ヤコビアン**は，コーシー-リーマンの方程式(11)と(9)より

$$J(f)=\frac{\partial(u, v)}{\partial(x, y)}=\begin{vmatrix}\dfrac{\partial u}{\partial x} & \dfrac{\partial u}{\partial y}\\ \dfrac{\partial v}{\partial x} & \dfrac{\partial v}{\partial y}\end{vmatrix}=\left(\frac{\partial u}{\partial x}\right)^2+\left(\frac{\partial v}{\partial x}\right)^2=|f'(z)|^2$$

となる．それ故，$f'(z)\neq 0$ の時は，$J(f)>0$ となって，**逆写像定理**より，

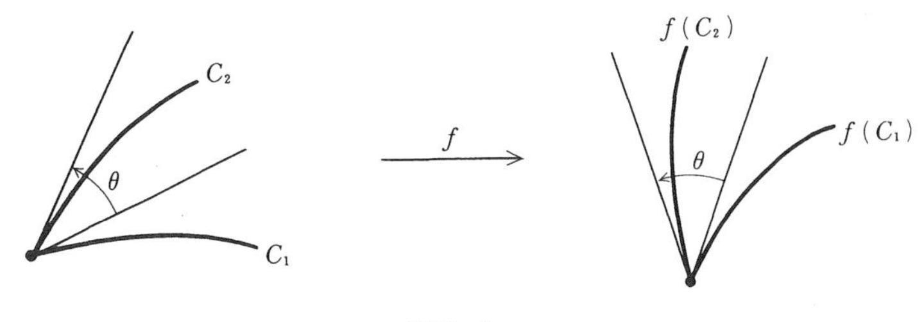

図11-3

写像 f は，局所的に同相（すなわち，双連続）で，向きを保つ．さらに f は，**局所的に等角**である事が証明される．すなわち，図11-3において，一点から出発する二曲線 C_1, C_2 の間の角（すなわち，接線間の角）と，$f(C_1), f(C_2)$ の間の角が，向きも込めて等しい．逆に

定理11.5　（連続偏微分可能な）$u(x, y), v(x, y)$ による写像 $(x, y) \longmapsto (u, v)$ が，局所同相で，局所的に等角ならば，$f(z)=u(z)+iv(z)$ は正則で $f'(z) \neq 0$ である．

一般に，$\boldsymbol{C}$ の領域 D から D' への同相写像

$$f : D \longrightarrow D'$$

が**正則同型写像**であるとは，$f : D \to \boldsymbol{C}$，$f^{-1} : D' \to \boldsymbol{C}$ とみて，共に正則写像となる事である．前回の，**解析的同型写像**と，同じ事である．定理11.5より，これはまた，**等角写像**とも呼ばれる．

上述の諸定理の証明については，数ある関数論の本のどれかを参照されたい．しかし私は，高木［17］，第5章を強く推薦する．

§5．リーマン面，再び

リーマン面とは，ひとくちで言えば，解析的座標系を持つ**曲面**（すなわち，二次元的拡がりを持つ集合）S の事である．詳しく言えば，曲面 S が，**リーマン面**であるとは，(i) S がいくつかの領域の和集合

$$S = W_1 \cup W_2 \cup \cdots$$

であって，(ii)各領域 W_j から $\boldsymbol{C}$ の領域 D_j への同相写像

$$\varphi_j : W_j \longrightarrow D_j$$

があり，(iii) $W_j \cap W_k$ が空集合でない時，

$$\varphi_j \circ \varphi_k^{-1} : \varphi_k(W_j \cap W_k) \longrightarrow \varphi_j(W_j \cap W_k)$$

が正則同型写像となる事である．

$z_j = \varphi_j(p)$ を点 p の**座標**と言う．条件(iii)は，**座標変換**が正則同型写像である事を要求している．

この定義は抽象的で，なかなかわかりづらい．それも道理で，リーマンその他，天才的古人の知恵を集めて，ついに，ワイルがこの定義に到達したのである．大いなる飛翔の果てに得られたものである．その恩恵を受け，現代数学は，**多様体**なる概念を基礎として発展している．

$\boldsymbol{C}$ 自身や，$\boldsymbol{C}$ の領域は，自然にリーマン面となるが，いかにもリーマン面らしい最初の例は，複素球面 $\hat{\boldsymbol{C}} = \boldsymbol{C} \cup \{\infty\}$ である．この場合

$$W_1 = \boldsymbol{C}, \quad W_2 = \boldsymbol{C}^* \cup \{\infty\}$$

（$\boldsymbol{C}^*$ は $\boldsymbol{C}$ から 0 をぬいた集合）とおき，$W_1 = \boldsymbol{C}$ にふつうの座標 z を入れ，W_2 に座標 $w = 1/z$ を入れる．（ただし，$w(\infty) = 0$ とする．）

$$z \longmapsto w = 1/z$$

は，$\boldsymbol{C}^*$ から $\boldsymbol{C}^*$ への正則同型写像故，$\hat{\boldsymbol{C}}$ はリーマン面である．

前回，複素射影平面 $\boldsymbol{P}^2$ 上の非特異代数曲線は，自然に，リーマン面となる事を示した．例えば，λ を 0 でも 1 でもない定数（複素数）とする時，代数曲線

$$C(\lambda) : w^2 - z(z-1)(z-\lambda) = 0 \qquad \cdots(12)$$

は非特異で，示性数が 1（すなわち，一人用浮き袋）で，リーマン面となる．実際，$C(\lambda)$ の座標として，$(0, 0), (1, 0), (\lambda, 0)$ の各近傍で w をとり，$(Z_1 : Z_2 : Z_3) = (0 : 1 : 0)$（ただし，$z = Z_1/Z_3$，$w = Z_2/Z_3$）の近傍では，$Z_1/Z_2 = z/w$ をとり，それ以外では，z をとればよい．

リーマン面 S から T への写像

$$f : S \longrightarrow T$$

が**正則**（前回は**解析的**と言った．同じ事である．）とは，S の座標 z，T

の座標 w を任意にとって，f を（局所的に）座標を用いて $w=f(z)$ とあらわした時，この関数が正則となる事である．

特に T が複素球面 $\hat{\boldsymbol{C}}$ の時，（定数写像 $f(p)\equiv\infty$ 以外の）正則写像 f：$S\longmapsto\hat{\boldsymbol{C}}$ を，（値として ∞ も取り得る）S 上の関数とみなし，S 上の**有理型関数**と言う．$\hat{C}$ 上の有理型関数は，有理関数に他ならない．また，(12)の $C(\lambda)$ において，

$$(z,\ w)\longmapsto z,\quad (z,\ w)\longmapsto w$$

は共に，$C(\lambda)$ 上の有理型関数である．また，$e^z, \sin z, \cos z, \tan z=\sin z/\cos z, \sec z=1/\cos z, \mathrm{cosec}\, z=1/\sin z$ 等は，複素平面 $\boldsymbol{C}$ 上の有理型関数である．

次に，リーマン面 S から T への同相写像

$$f : S\longrightarrow T$$

が，**正則同型写像**（前回は，**解析的同型写像**と言った．同じ事である．）又は，**等角同型写像**とは，f と f^{-1} が共に正則写像である事である．正則同型写像の存在する S と T とは，**正則同型**，又は**等角同型**（又は**解析的に同型**）と言う．

S と T が正則同型である為には，同相である事が必要である．しかし，十分ではない．実際，例えば，複素平面 $\boldsymbol{C}$ と，**単位円板**

$$\boldsymbol{D}=\{z\in\boldsymbol{C}\,|\,|z|<1\}$$

は，同相である（**問5**．何故か？）が，（関数論における，**リュービルの定理**と言うものを用いると，）正則同型にはならない事が示せる．また，(12)の $C(\lambda)$ は，λ を動かすと，リーマン面のパラメーター族が得られるが，これらは，一人用浮き袋として，全て同相である．ところが，

定理11．6　$C(\lambda)$ と $C(\lambda')$ が正則同型である為の必要十分条件は，λ' が次のどれかと等しい事である：

$$\lambda, 1-\lambda, 1/\lambda, 1/(1-\lambda), (\lambda-1)/\lambda, \lambda/(\lambda-1).$$

なる定理が知られている．例えば，$C(2)$ は $C(-1), C(1/2)$ と正則同型だが，それら以外の λ の $C(\lambda)$ とは，正則同型でない．

問6．一次分数変換 $z \longmapsto \dfrac{z-i}{z+i}$ は，**上半平面** $\boldsymbol{H}=\{z=x+yi|y>0\}$ から，単位円板 $\boldsymbol{D}$ への，正則同型を与える事を証明せよ．

リーマン面 S から自分自身への正則同型写像を，**自己同型写像**と言う．その全体の集合 $\mathrm{Aut}\,(S)$ は，写像の合成に関して，（結合律をみたし，恒等写像，逆写像を含むので）群をなす．これを S の**自己同型群**と言う．

例えば，一次分数変換

$$z \longmapsto \frac{\alpha z+\beta}{\gamma z+\delta} \qquad (\alpha, \beta, \gamma, \delta \in \boldsymbol{C}, \alpha\delta \neq \beta\gamma)$$

は，複素球面 $\hat{\boldsymbol{C}}$ の自己同型写像である．実は逆も言える．すなわち，

定理11．7　$\mathrm{Aut}\,(\hat{\boldsymbol{C}})$ は，一次分数変換全体である．

一般に，あたえられたリーマン面 S と T が，いつ正則同型になるか判定する事（**同値問題**）や，$\mathrm{Aut}\,(S)$ を決定する事（**自己同型群決定問題**）は，むずかしい問題だが，多くの興味深い結果が知られている．（**補足10参照.**）

12. 有限と無限のはざまに

§1. 前回の復習

前回，複素関数（複素変数，複素数値の関数）の微分を考え，正則性を定義した．すなわち，複素平面上の領域 Ω で定義された複素関数 $f(z)$ が，Ω の点 α で，**複素微分可能**とは，

$$\lim_{z\to\alpha}\frac{f(z)-f(\alpha)}{z-\alpha}=f'(\alpha)=\frac{df}{dz}(\alpha)$$

が存在する事である．$f(z)$ が Ω の各点で複素微分可能の時，Ω 上**正則**であると言う．この時 $f'(z)=\dfrac{df}{dz}$ も Ω 上の複素関数である．これを**導関数**と呼ぶ．

正則関数 $f(z)$ を

$$f(z)=u(z)+iv(z)$$

と，実部，虚部に分け，$z=x+yi$ とふつうの平面上の点 (x, y) を同一視して

$$u(z)=u(x, y),\quad v(z)=v(x, y)$$

とおくと，**コーシー-リーマンの（偏微分）方程式**

$$\frac{\partial u}{\partial x}=\frac{\partial v}{\partial y},\quad \frac{\partial u}{\partial y}=-\frac{\partial v}{\partial x} \qquad \cdots(1)$$

が成立する．逆に，この方程式が成立するような複素関数 $f(z)=u(z)+iv(z)$ は正則である．この時，導関数は

$$f'(z)=\frac{\partial u}{\partial x}(x, y)+i\frac{\partial v}{\partial x}(x, y)=\frac{\partial v}{\partial y}(x, y)-i\frac{\partial u}{\partial y}(x, y) \qquad \cdots(2)$$

であたえられる．(2)より，$f(z)$ を写像

$$(x, y) \longrightarrow (u, v)$$

とみなす時，そのヤコビアンは

$$\frac{\partial(u, v)}{\partial(x, y)} = |f'(z)|^2 \qquad \cdots(3)$$

となって，$(f'(z) \neq 0$ の時$)$これは正の数である．

§2．コーシーの基本定理と積分表示

複素関数の微分を定義したのであるから，次に積分を定義するのが自然であろう．この場合は，曲線にそっての積分，すなわち線積分を考えるのがよい．

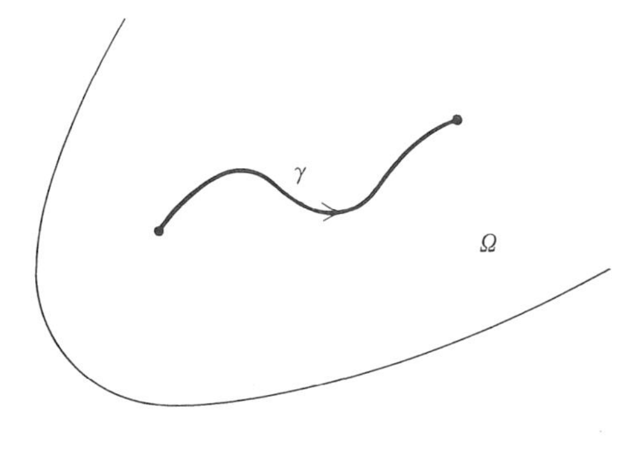

図12-1

領域 Ω 上の**向きを持った曲線**

$$\gamma : t \longmapsto x(t) + y(t)i$$

を考える．ここに，パラメーター t は区間 $[a, b]$ を動き，$x'(t)^2 + y'(t)^2 \neq 0$ をみたす．（図12-1）

（より一般に，このようにパラメーター表示された曲線を有限個つなぎあわせたものを，曲線と思うこともある．）

Ω 上の複素関数 $f(z) = u(z) + iv(z)$ の γ にそっての積分を，

$$\begin{aligned}
\int_\gamma f(z)dz &= \int_\gamma (u + iv)(dx + idy) \\
&= \int_\gamma \{(udx - vdy) + i(vdx + udy)\} \\
&= \int_\gamma (udx - vdy) + i\int_\gamma (vdx + udy) \\
&= \int_a^b \{u(x(t), y(t))x'(t) - v(x(t), y(t))y'(t)\}dt \\
&\quad + i\int_a^b \{v(x(t), y(t))x'(t) + u(x(t), y(t))y'(t)\}dt
\end{aligned}$$

と定義する．こう定義すると，

$$\int_\gamma (f(z)+g(z))dz = \int_\gamma f(z)dz + \int_\gamma g(z)dz,$$

$$\int_\gamma \lambda f(z)dz = \lambda \int_\gamma f(z)dz \qquad (\lambda \text{ は複素数})$$

が成立し，また，γ の向きを逆にした曲線 γ^{-1} に対し

$$\int_{\gamma^{-1}} f(z)dz = -\int_\gamma f(z)dz$$

が成立する．

Ω の部分集合 D が，それ自身領域で，D の内側の点が全て D の点である時，D を**単連結**であると言う．図12-2の D は単連結だが，E や E' はそうでない．

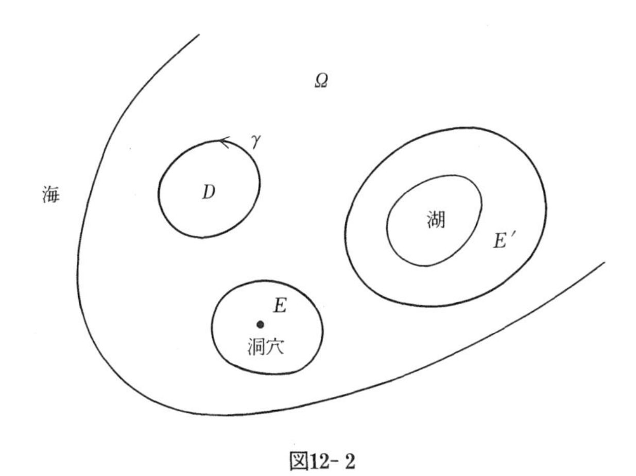

図12-2

今，単連結な D の境界が，単純閉曲線 γ よりなるとする．γ の**正の向き**を，γ の進行方向に対し，D が左手にあるような向き（時計と反対回り）と定義する．（図12-2）

定理12．1（コーシーの基本定理）　$f(z)$ を領域 Ω 上，正則な関数とする．D を Ω に含まれる単連結領域とし，γ をその境界曲線とすると

$$\int_\gamma f(z)dz=0$$

ここに，積分路は，γ を正の向きに，ひと回りするとする．

証明　グリーンの定理より（$f=u+iv$ とおいて）

$$\int_\gamma f(z)dz=\int_\gamma (udx-vdy)+i\int_\gamma (vdx+udy)$$

$$=\iint_D\left(-\frac{\partial u}{\partial y}-\frac{\partial v}{\partial x}\right)dxdy+i\iint_D\left(-\frac{\partial v}{\partial y}+\frac{\partial u}{\partial x}\right)dxdy$$

が成立するが，コーシー-リーマンの方程式(1)により，右辺はゼロである．　**証明後**

この定理が複素関数論の出発点となった．コーシーの始めた当初，この理論は大分ゴタゴタしていたが，後にリーマンやワイヤシュトラース等の研究を経て，今日の美しい体系が出来上った．（なお，**グリーンの定理**については，微積分の教科書を参照．）

Ω 自身が単連結の時，Ω の点 z_0 を始点とし，z を終点とする曲線 γ にそっての正則関数 $f(z)$ の積分

$$\int_\gamma f(z)dz$$

は，基本定理により，始点 z_0 と終点 z にのみ関係し，γ のとり方には無関係である．（図12-3）

それ故，この積分値を

$$\int_{z_0}^z f(z)dz$$

と書いてよい．さらに，この値を（z_0 を固定して）z の関数とみる．この時，微積分法の基本定理と同様に

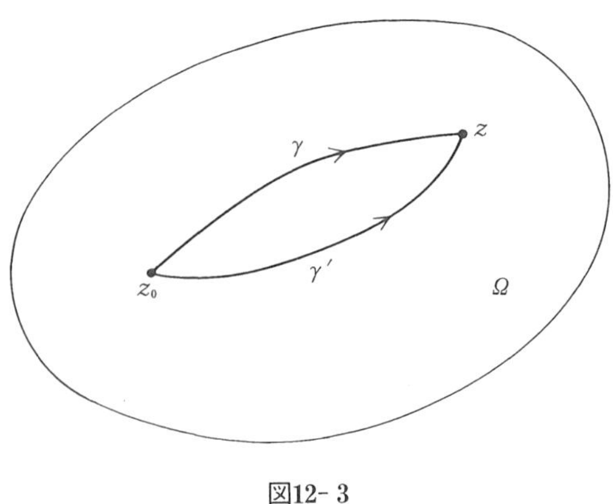

図12-3

定理12．2　単連結な領域 Ω 上の正則関数

$f(z)$ に対し，

$$F(z)=\int_{z_0}^{z} f(z)dz$$

も Ω 上正則で，$F'(z)=f(z)$.

注．Ω が単連結でないと，

$$\int_{\gamma} f(z)dz$$

は，γ のとり方にも関係し得る．それでも，あえて，この積分値を

$$\int_{z_0}^{z} f(z)dz$$

と書き，(z_0 を固定して) z を動点とすると，これはふつうの意味の関数でなく，**多価関数**である．例として，0 をとおらない曲線にそっての積分

$$\int_{1}^{z} \frac{dz}{z}$$

は，曲線が 0 の回りを 1 回正の向きに回るごとに，$2\pi i$ 増える多価関数である．例えば，図12-4 において

$$\int_{\gamma'} \frac{dz}{z}=\int_{\gamma} \frac{dz}{z}+2\pi i.$$

この多価関数を，**対数関数** $\log z$ と定義する：

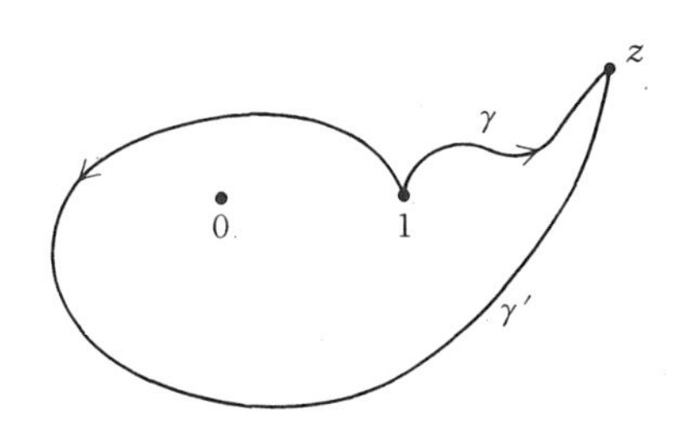

図12-4

$$\log z=\int_{1}^{z} \frac{dz}{z}.$$

$\log z$ はまた，e^z の逆関数としても定義される．e^z が周期 $2\pi i$ の周期関数である事を思い出すと，その逆関数 $\log z$ の多価性は，当然である．

次の定理は，コーシーの基本定理の逆を主張する．

定理12．3（モレラの定理）　領域 Ω 上の複素関数 $f(z)$ に対し，もし Ω に含まれる任意の単連結領域 D において

$$\int_{\gamma} f(z)dz=0 \qquad (\gamma \text{ は } D \text{ の境界曲線で，正の向きに一周})$$

ならば，$f(z)$ は Ω 上正則である．

次の定理は基本定理より導かれるが，ある意味で，基本定理より重要である．

定理12．4（コーシーの積分表示）　$f(z)$ を領域 Ω 上，正則とする．D を Ω に含まれる単連結領域とし，γ をその境界曲線とすると，D の各点 z に対し

$$f(z)=\frac{1}{2\pi i}\int_{\gamma}\frac{f(\zeta)}{\zeta-z}d\zeta \qquad (\gamma \text{ は正の向きに一周}).$$

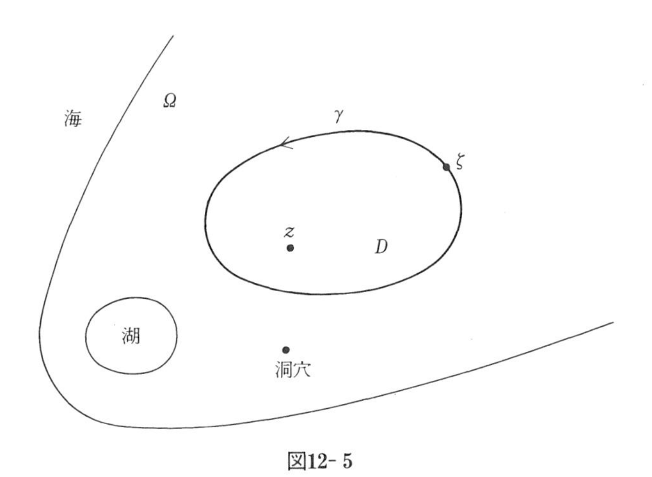

図12- 5

この定理は，正則関数においては，内部での値が境界での値で決ってしまう，と言うおどろくべき性質を主張している．この定理より，関数論における非常に多くの諸定理が導かれる．例えば，前回に言及した，正則性と解析性（巾級数展開可能性）の同値である事や，正則関数 $f(z)$ に対する導関数 $f'(z)$ の正則性等が，この定理を用いて証明される．

さて，Ω, Ω' を複素平面 $\boldsymbol{C}$ 上の領域とする．写像

$$\varphi : \Omega \longrightarrow \Omega'$$

を，（$\varphi : \Omega \longrightarrow \boldsymbol{C}$ とみて）Ω 上の複素関数とみた時正則ならば，**正則写像**と言う．特に φ が一対一写像で，φ も φ^{-1} も正則写像の時，φ を**双正**

則写像，または，**正則同型写像**と言う．

今，$\varphi : \Omega \longrightarrow \Omega'$ を（定数写像でない）正則写像とし，γ を Ω 内の曲線とする．この時，像 $\varphi(\gamma)$ も Ω' 内の曲線である．（図12-6）

命題12．5　$f(w)$ を Ω' 上の複素関数とすると

$$\int_{\varphi(\gamma)} f(w)dw = \int_{\gamma} f(\varphi(z))\varphi'(z)dz$$

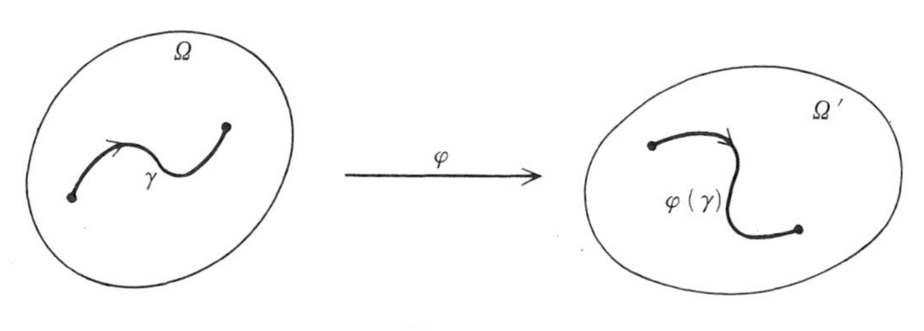

図12-6

この命題は，微積分における置換積分法に相当する．この命題をじっとにらんでいると，一般に積分

$$\int_{\gamma} f(z)dz$$

は，複素関数 $f(z)$ の積分と言うより，**（複素）微分型式**

$$\omega = f(z)dz$$

の積分

$$\int_{\gamma} \omega$$

と考えた方が自然である．

注．実関数の時も，実はこう考えた方が，重積分の変数変換公式や，グリーン，ガウス，ストークスの定理等を自然に解釈出来る．

微分型式 $\omega = f(z)dz$ が**正則**とは，$f(z)$ が正則な事と定義する．

§3．リーマン-ロッホの定理

前回(及び前々回)，私はリーマン面の定義を与えた．それは，解析的座標系を持つ曲面の事であった．すなわち，曲面 S が**リーマン面**であるとは，(i)　S は，領域（任意の二点が連続曲線で結べる開集合）W_j の和集合 $S=\bigcup W_j$ とかけ，(ii)　各 W_j から $\boldsymbol{C}$ の領域 D_j への同相写像 φ_j：$W_j \longrightarrow D_j$ があり，(iii)　$\varphi_j \circ \varphi_k^{-1}$：$\varphi_k(W_j \cap W_k) \longrightarrow \varphi_j(W_j \cap W_k)$ が双正則写像となる事である．$z_j=\varphi_j(p)$ を，点 p の**座標**と言い，$\varphi_j \circ \varphi_k^{-1}$：$z_k \longrightarrow z_j$ を**座標変換**と言う．（図12-7）

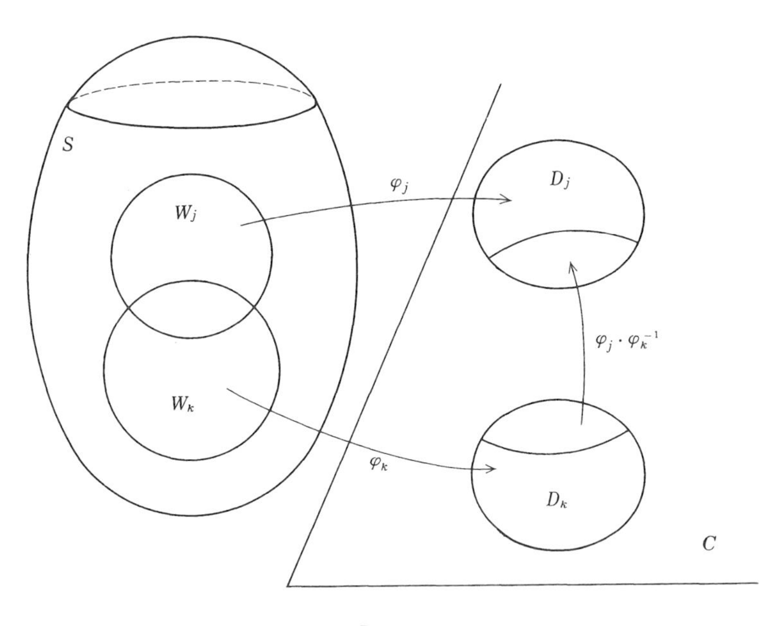

図12-7

独自　このめんどうなリーマン面の定義を述べるのは，これで三度目だ．連載記事の困る所だが，むづかしい事は何度説明してもよいような気がする．しかし読者は，わかってくれただろうか．

注．リーマン面をあつかうコツは，場合によっては，φ_j でもって W_j と D_j を**同一視する事**である．

注．リーマン面は，(iii)より，**可符号**（すなわち，裏表の区別される）曲面である．

注．現代数学のいたる所にあらわれる**多様体**なる概念は，リーマン面の概念を一般次元化したものである．すなわち，局所的には座標をもち，座標変換が微分可能な（n 次元の）集合の事である．これは，大域的視点に立つ概念である．例えば，江戸時代，日本橋に座標系の原点を置く事を好んだが，この座標系は地球全体には(国境とか，言葉とかに関係なく）通用しない．地球全体をこの場合，多様体と考えている．この宇宙（4次元？10次元？）は，どのような多様体であろうか．

前回（及び前々回）説明したように，複素射影平面 $\mathbf{P}^2$ 上の非特異代数曲線は，リーマン面である．例えば，λ を 0，1以外の複素数とする時，代数曲線

$$C(\lambda):\ w^2-z(z-1)(z-\lambda)=0 \qquad \cdots(4)$$

は，示性数1のリーマン面である．また，複素球面 $\hat{C}$ は，示性数0のリーマン面である．

さて，リーマン面 S 上の，**正則微分型式**とは，(上定義の Wj と座標 zj を用いて）Wj 上の正則微分型式

$$\omega_j=h_j(z_j)dz_j$$

の集まり

$$\omega=\{\omega_j\}$$

であって，$W_j\cap W_k$ で $\omega_j=\omega_k$，すなわち

$$h_j(z_j)\left(\frac{dz_j}{dz_k}\right)=h_k(z_k)$$

をみたすものの事である．ω の**零点**(及びその**位数**)とは，$h_j(z_j)$ の零点（及びその位数）の事とする．例えば，

$$\omega=\frac{dz}{w}$$

は，(4)の $C(\lambda)$ 上の零点を持たない正則微分型式である事が証明出来る．

（問１，確かめよ．）

リーマン面 S 上の正則微分全体 $A(S)$ は，複素数をスカラーとするベクトル空間（複素ベクトル空間）をなす．（全ての j に対し $h_j \equiv 0$ なる正則微分型式 0 が，ゼロベクトルに相当する．）

次の定理は，神秘的である．

定理12．6（リーマン-ロッホの定理（の特別の場合））

閉じた（すなわち，有限だが境界のない）リーマン面 S 上の正則微分型式全体のなす複素ベクトル空間 $A(S)$ の次元は，S の示性数に等しい．

例えば，(4)の $C(\lambda)$ 上には，正則微分型式は，dz/w のスカラー倍しかなく，複素球面 $\hat{C}$ 上には，0 以外に正則微分型式はない．
非特異 4 次曲線

$$C : z^4 + w^4 - 1 = 0$$

の示性数は，定理９．３より

$$g = \frac{(4-1)(4-2)}{2} = 3$$

である．閉リーマン面 C の正則微分全体 $A(C)$ のなす複素ベクトル空間の基底として

$$\left\{ \frac{dz}{w^2}, \frac{dz}{w^3}, \frac{zdz}{w^3} \right\}$$

がとれる．$A(C)$ にぞくする正則微分 ω の零点の個数は，重複度を込めて，必ず 4 である．一般の，示性数 g の閉リーマン面の正則微分 ω の零点の個数は，$2g-2$ である事が知られている．

示性数 g は，浮き袋としての穴の数だった．（図12-８）すなわち，示性数は，閉リーマン面 S の，位相的構造で定まる量である．一方，$A(S)$ の次元は，S の解析的構造で定まる量である．これら**異質の構造から定まるふたつの量が等しい**と言う所に，上定理の深遠さと神秘性がある．

なお，リーマン-ロッホの定理の一般の形は，閉リーマン面 S 上の有理型関数の存在についての主張を含んでいる．S 上の**有理型関数**とは，S か

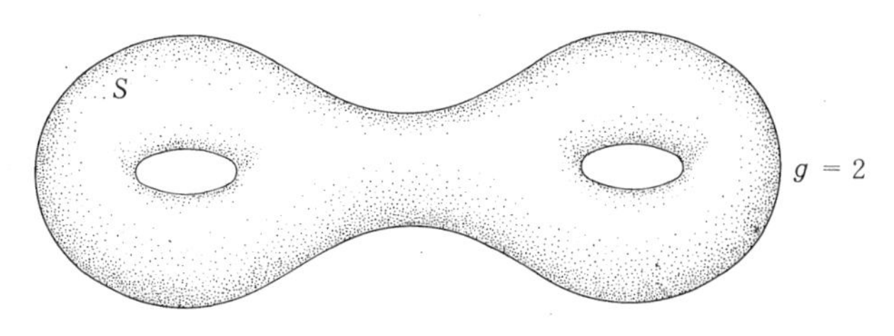

図12- 8

ら $\hat{C}$ への（$f\not\equiv\infty$ なる）正則写像 $f：S\longrightarrow\hat{C}$ の事で，値として ∞ をも許す S 上の複素関数と考えている．

ただし，リーマン面 S からリーマン面 T への写像 $f：S\longrightarrow T$ が**正則写像**であるとは，S の座標 z と，T の座標 w を任意にとり，f を局所的に $w=f(z)$ とあらわす時，$f(z)$ が正則関数となる事である．S と T が共に閉リーマン面の時は，定数写像でない正則写像 $f：S\longrightarrow T$ は，必ず上への**分岐被覆写像**（第9回参照）となり，**リーマン-フルヴィッツの公式**が成り立つ．（図12-9）（**補足11参照．**）

一対一写像 $f：S\longrightarrow T$ が正則で，f^{-1} も正則の時，f を**双正則写像**，または**正則同型写像**と言い，そのような f が存在する時，S と T は**双正則**，または**正則同型**であると言う．

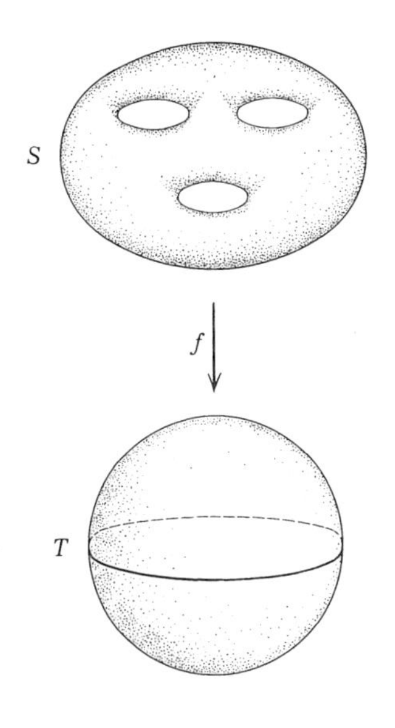

図12- 9

注．リーマン-ロッホの定理については，岩沢［9］または，河井［11］を見られたい．前者は格調高い名著であり，後者はすぐれた入門書である．

次の定理も，非常に深い定理である．（証明は，やはり，岩沢［9］をみられたい．）

定理12．7（リーマンの存在定理） 任意の閉リーマン面は，ある既約代数曲線のリーマン面と正則同型である．

§4．有限と無限のはざまに

S を示性数 $g(\geqslant 1)$ の閉リーマン面とし，ω を S 上の，ゼロでない正則微分型式とする．p_0 を S の固定点，p を動点として，積分（これを**アーベル積分**と言う）

$$\int_\gamma \omega \qquad (\gamma \text{ は } p_0 \text{ と } p \text{ を結ぶ } S \text{ 上の曲線})$$

を考える．この意味は，γ を有限個の γ_j のつなぎ合せたものと考え，各 γ_j は座標 z_j を持つ領域 W_j に入り，ω はそこで

$$\omega_j = h_j(z_j)dz_j$$

と書けた時，

$$\int_\gamma \omega = \sum_j \int_{\gamma_j} \omega_j = \sum_j \int_{\gamma_j} h_j(z_j)dz_j$$

で定義されるものである．命題12．5より，この積分値は，γ_j, W_j, z_j の取り方に無関係に，ω と γ のみで定まる．今

$$\int_\gamma \omega = \int_{p_0}^{p} \omega = H(p)$$

と書くと，これは S 上の関数をあたえるように見えるが，ふつうの意味の関数でなく，多価関数である．それは，γ が閉曲線の時，

$$\int_\gamma \omega \qquad (\text{これを，} \gamma \text{ にそっての } \omega \text{ の周期と言う．})$$

が必ずしもゼロでないからである．

特に(4)の $C(\lambda)$ とその上の正則微分型式 dz/w について，アーベル積分を考えると，$p_0=(0,0)$, $p=(z,w)$ として

$$\int_{(0,0)}^{(z,w)} \frac{dz}{w} = H(z,w)$$

は，$C(\lambda)$ 上の多価関数である．$C(\lambda)$ は示性数 1 で，図12-10の γ_1, γ_2 にそっての周期を

$$\xi_1=\int_{\gamma_1}\frac{dz}{w},\quad \xi_2=\int_{\gamma_2}\frac{dz}{w}\quad\cdots(5)$$

(これを**基本周期**と言う)とおくと，一般の周期は

$$\xi=\int_{\gamma}\frac{dz}{w}=m\xi_1+n\xi_2$$

(m, n は整数)

と書ける．今

$$w=\sqrt{z(z-1)(z-\lambda)}$$

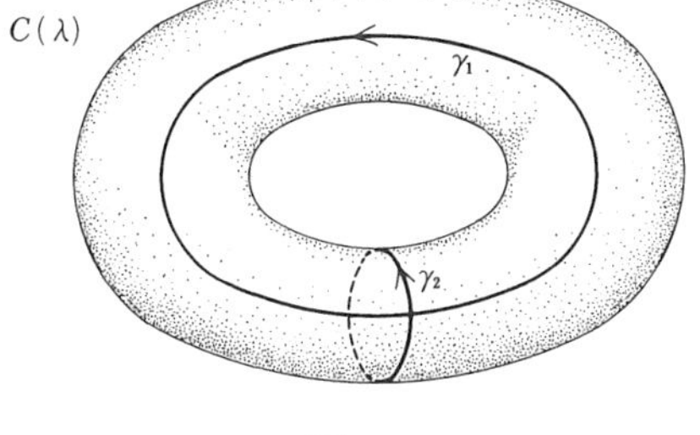

図12-10

とおいて，このアーベル積分を z の「関数」

$$\frac{1}{\sqrt{z(z-1)(z-\lambda)}}$$

の無理積分とみた

$$t=H(z)=\int_0^z\frac{dz}{\sqrt{z(z-1)(z-\lambda)}}$$

が，古来有名な，**楕円積分**（のひとつ）である．$H(z)$ は z の多価関数である：

$$z\longmapsto(z, w)\longmapsto H(z)=t.$$

アーベルとヤコービは，この多価関数の逆関数

$$t\longmapsto(z, w)\longmapsto z=F(t)$$

を考えた．(ここに天才達の「逆転の発想」がある．) これは，複素平面 $\boldsymbol{C}$ 上，ξ_1, ξ_2 を周期とする，**二重周期**（一価）有理型関数，すなわち**楕円関数**である：

$$F(t+\xi_1)=F(t),\quad F(t+\xi_2)=F(t).$$

($e^z, \sin z, \cos z$ 等は，**単周期関数**である．)

複素平面 $\boldsymbol{C}$ は単連結である．一般に，リーマン面に対しても，単連結なる概念が定義される．リーマン面 S が**単連結**とは，S 上の任意の閉曲線 γ が（S 上で）連続的に変形して一点にちぢみ得る事である．複素球面は単連結だが，示性数が1以上の閉リーマン面は単連結でない．(図12-11)

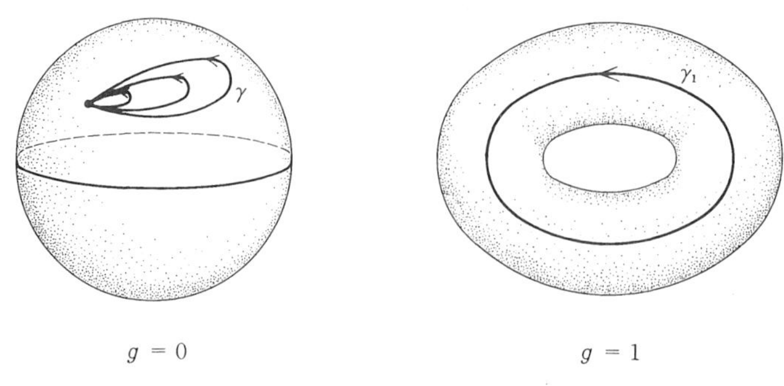

図12-11

定理12．8（リーマン-ポアンカレ-ケーベ）　単連結リーマン面は，$\hat{\boldsymbol{C}}$，$\boldsymbol{C}$，$\boldsymbol{H}$（上半平面）のいづれかに，正則同型である．

この定理の証明は，例えば，岩沢［9］参照．

単連結リーマン面は，言わば，一番高所にあるリーマン面で，他のリーマン面は，これらから(自己同型群の不連続部分群で割る事によって)得られる．

特に $\boldsymbol{H}$ は，非ユークリッドの不思議な天上世界であり，

$$\mathrm{Aut}\,(\boldsymbol{H})=\left\{z\longmapsto\frac{az+b}{cz+d}\;\middle|\;a,b,c,d\ \text{は}\ ad-bc>0\ \text{なる実数}\right\}$$

の不連続部分群の変形から生ずる**タイヒミューラー空間**は，超弦理論と関係して，近年注目をあびている．

さて，γ を(4)の $C(\lambda)$ 上の閉曲線として，周期

$$\xi(\lambda)=\int_\gamma\frac{dz}{w}$$

を λ の多価関数とみる時，これは線型微分方程式

$$\lambda(\lambda-1)\frac{d^2\xi}{d\lambda^2}+(2\lambda-1)\frac{d\xi}{d\lambda}+\frac{1}{4}\xi=0$$

をみたす．特に基本周期

$$\xi_1(\lambda)=\int_{\gamma_1}\frac{dz}{w},\quad \xi_2(\lambda)=\int_{\gamma_2}\frac{dz}{w}$$

((5)をみよ）は，この微分方程式の**基本解**（他の解が，これらの一次結合であらわせる）となる．今，写像

$$\lambda \longmapsto \frac{\xi_2(\lambda)}{\xi_1(\lambda)} = \eta(\lambda)$$

を考えると，像は単連結となって，$\boldsymbol{H}$ と同一視され，その逆写像

$$\eta \longmapsto \lambda = \lambda(\eta)$$

は，$\boldsymbol{H}$ から $\boldsymbol{C} - \{0, 1\}$ 上への正則写像を与える．（ここも逆転の発想で，無限世界から逆に有限世界を見おろしている．）これを $\boldsymbol{H}$ 上の正則関数 $\lambda(\eta)$ とみると，この関数は

$$\lambda(\eta+2) = \lambda(\eta),\quad \lambda\left(\frac{\eta}{2\eta+1}\right) = \lambda(\eta)$$

なる関係をみたす．$\lambda(\eta)$ は，**モジュラー関数**と呼ばれ，**保型関数**の一種である．ここの議論は，**シュワルツ理論**と呼ばれる，超幾何微分方程式から生ずる保型関数の構成法の一例である．（これについては，ホックシタット［5］をみられたい．）

不幸にして夭折した天才アーベルの夢は，楕円関数をさらに超えるような，興味深い超越関数の発見にあった．後世の人々（リーマン，ワイヤシュトラース，シュワルツ，クライン，ポアンカレ等）は，**アーベル関数**（多変数の多重周期有理型関数）や保型関数を発見して，その夢を実現したのである．

この，代数，幾何，解析の交叉する華麗な古典数学は，代数幾何，位相幾何，多変数解析関数論等の影響のもとで，よそおいを新たにして，現代数学にひきつがれている．

補足1 正多面体群について

正多面体群 $G(P_6)$ $(=G(P_8))$ を考察する．図A-1の正六面体 P_6 において，点 p, q, r をそれぞれ，頂点，辺の中点，面の中央点とし，p^*, q^*, r^* をそれぞれの，P_6 における反対側の点とする．

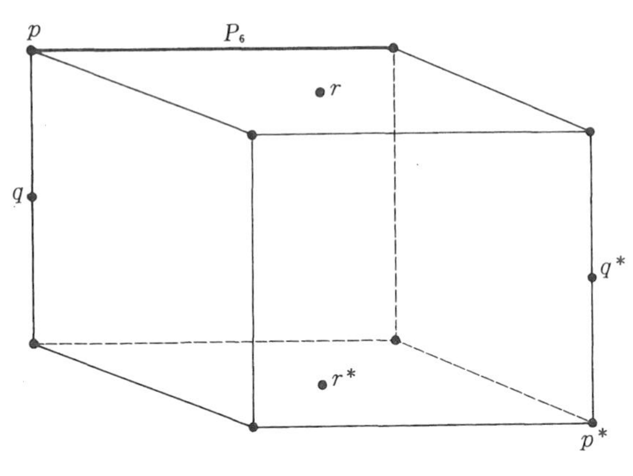

図A-1

回転 A, B, C を次のように定義する．

A：直線 $\overline{pp^*}$ を軸とし，角 120°，240° の回転，

B：直線 $\overline{qq^*}$ を軸とし，角 180° の回転，

C：直線 $\overline{rr^*}$ を軸とし，角 90°，180°，270° の回軸．

これらが $G(P_6)$ に属する事は，あきらかである．

(p, p^*) の組は 4 組，

(q, q^*) の組は 6 組，

(r, r^*) の組は 3 組．

従って，

A-型の回転は，$2\times4=8$ 個，

B-型の回転は，$1\times6=6$ 個，

C-型の回転は，$3\times3=9$ 個，

恒等写像は，　　　　1 個．

これらの合計は24個である．

これら24個の回転が $G(P_6)$ の元全体である．実際，回転軸に対し，正六面体が対称の位置にあらねばならないので，これは当然である．

図A-2において，直線 $L_j=\overline{p_jp_j^*}$ $(j=1, 2, 3, 4)$ を考える．

$G(P_4)$ の各元 R は，これら 4 直線の間の置換 σ を引きおこす．対応

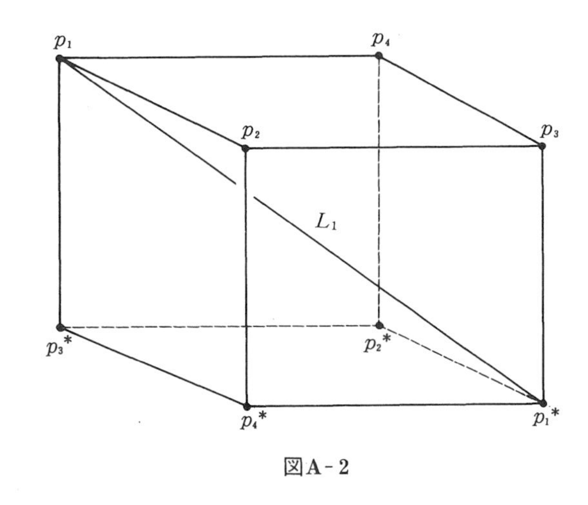

図A-2

$$h : R \longmapsto \sigma$$

は，あきらかに，$G(P_4)$ から S_4（4次対称群）への準同型写像

$$h : G(P_4) \longrightarrow S_4$$

である．これが同型写像である事を証明しよう．

Ker(h) に属する回転 R は，L_1 を L_1 にうつすので

$R(p_1)=p_1$，$R(p_1^*)=p_1^*$

か，または

$$R(p_1)=p_1^*,\quad R(p_1^*)=p_1$$

である．前者ならば，R は L_1 を軸とする回転（角 0°, 120°, 240°）である．回転角が 120° ならば，図A-2よりわかるように，

$$R(p_2)=p_4,\quad R(p_4)=p_3^*,\quad R(p_3^*)=p_2$$

となるので，

$$h(R)=\begin{pmatrix} L_1 & L_2 & L_3 & L_4 \\ L_1 & L_4 & L_2 & L_3 \end{pmatrix}$$

となって，これは恒等置換でないので矛盾である．同様に，回転角 240° の時も矛盾が生ずる．結局，R は恒等写像であらねばならない．

$$R(p_1)=p_1^*,\quad R(p_1^*)=p_1$$

とする．この時 R は，L_1 と垂直な方向を軸とする回転である．

同様の議論と，L_2, L_3, L_4 について行なうと，（R が恒等写像でないので）R は，L_2, L_3, L_4 と垂直な方向を軸とする回転となる．このような回転は存在し得ない．結局 Ker(h) は，恒等写像のみよりなる．

それ故，h は単射となる．（$h(R)=h(R')$ ならば，$h(R^{-1}R')$＝恒等置換，故，$R^{-1}R'$＝恒等写像，すなわち $R=R'$．）ところが $G(P_6)$ も S_4 も，位数（元の個数の事）が共に24なので，h は全単射となり，同型写像

となる：

$$h: G(P_6)\simeq S_4.$$

他の正多面体群についての議論も同様で

$$G(P_4)\simeq A_4,\quad G(P_{12})=G(P_{20})\simeq A_5$$

が得られる.

補足2　有理関数についてのフルヴィッツの定理

§3の，筆者が答を知らない「問題」に対し，後に，阪大の位相幾何学者　作間　誠氏より，すでに，古くはフルヴィッツ(Hurwitz[6])，新しくはEdmonds＋Kulkarni-Stong［1］及びGersten［4］が答を与えている事を指摘され，不勉強を羞じた次第である．ただし，いずれの解答も，実用的には不便な形であり，より使いやすい答が望ましい．

以下に，フルヴィッツの解答を略述する．

例えば，置換

$$\sigma=\begin{pmatrix}1 & 2 & 3 & 4 & 5\\ 3 & 5 & 4 & 1 & 2\end{pmatrix}$$

を考えてみよう．σによって文字1は3にうつり，3は4にうつり，4は1にもどる．これを

$$\sigma: 1\longrightarrow 3\longrightarrow 4\longrightarrow 1 \qquad\cdots(1)$$

と記し，**サイクル**と呼ぶ．1，3，4は，どれから始めてもよい．

$$\sigma: 2\longrightarrow 5\longrightarrow 2 \qquad\cdots(2)$$

も，他のサイクルである．(1)のサイクルを，ここにあらわれない文字は働かさない置換と考え，これを**巡回置換**と呼び，

$$(134)$$

と書く．(2)の方も(25)と書く．こう書くと

$$\sigma=(134)(25)=(25)(134) \qquad\cdots(3)$$

と，σが(ことなる文字から成る)巡回置換の積に(かける順序をのぞき)唯ひとつとおりに書ける．

巡回置換(134)は3文字のみを動かすので，**長さ**が3であると言う．

(3)の分解を σ が持つので，巡回置換 (25)，(134) の長さを並べて，{2, 3} を，**置換 σ の型**と言う．一般の置換でも，同様である．

次に，例えば，図A-3のような分岐分布図が与えられたとする．

この分岐分布図は，q_1, q_2, q_3 **上で分岐している**と言う．この図の時は，分岐指数を並べて，**この分岐分布図の q_1 での型は** $\{2,2\}$，q_2 **での型は** $\{1,3\}$，q_3 **での型は** $\{1,3\}$ であると言う．一般の場合も同様である．

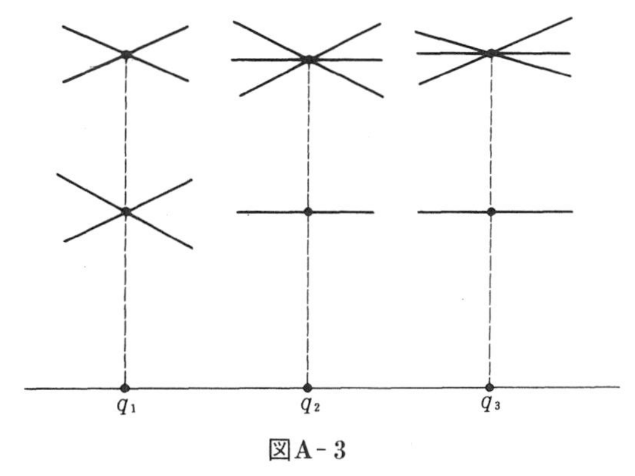

図A-3

定理A.1（フルヴィッツ）　$\hat{C}$ の点 $q_1, \cdots, q_s$ 上で分岐している（リーマン－フルヴィッツの公式（定理3.2）をみたしている）分岐分布図に対し，これを分岐分布図に持つ，n 次の有理関数 f が存在するための必要十分条件は，次の3条件をみたす n 文字の置換 $\sigma_1, \cdots, \sigma_s$ が存在する事である．

(イ)　$\sigma_1 \cdots \sigma_s = e$（恒等置換），

(ロ)　$\sigma_1, \cdots, \sigma_s$ より**生成される** S_n の部分群 G は，n 文字について**推移的**である，

(ハ)　各 $j\,(1 \leq j \leq s)$ に対し，置換 σ_j の型は，分岐分布図の，点 q_j での型に等しい．

この定理の条件(ロ)における部分群 G とは，σ_j と $\sigma_j^{-1}\,(1 \leq j \leq s)$ の有限個の積よりなる全体である．G が推移的とは，任意の文字を，他の任意の文字にうつす置換が G 内に存在する事である．

定理の証明は，(位相幾何学における基本群を用いるのだが)ここでは省略する (Namba[24]参照)．例えば，図A-3の場合，

$$\sigma_1=\begin{pmatrix}1 & 2 & 3 & 4\\ 2 & 1 & 4 & 3\end{pmatrix}=(12)(34),$$

$$\sigma_2=\begin{pmatrix}1 & 2 & 3 & 4\\ 2 & 3 & 1 & 4\end{pmatrix}=(123)(4),$$

$$\sigma_3=\begin{pmatrix}1 & 2 & 3 & 4\\ 1 & 3 & 4 & 2\end{pmatrix}=(1)(234)$$

とおけば，定理の条件は全てみたされ，従って，分岐分布図A-3を持つ有理関数 f は存在する．

なお，図3-4を分岐分布図とする有理関数が存在しない事が，この定理よりも，（多少の考察の後に）導かれる．

一般に，置換の文字数 n が大きくなると，定理の条件をみたす置換の存在，非存在を示すのが，むずかしくなる．

補足3　ガロア的有理関数の分岐分布

例えば，ガロア的有理関数

$$f(z)=z^2+\frac{1}{z^2},$$

$$f(z)=z^3+\frac{1}{z^3}$$

の分岐分布図は，それぞれ，図A-4，図A-5のとおりである．

このように，n 次のガロア的有理関数 f においては，分岐分布図にあらわれる点 q_j **での型**（補足2参照）が

$$\{e_j, e_j, \cdots, e_j\}$$

と，同じ整数 $e_j(\geq 2)$

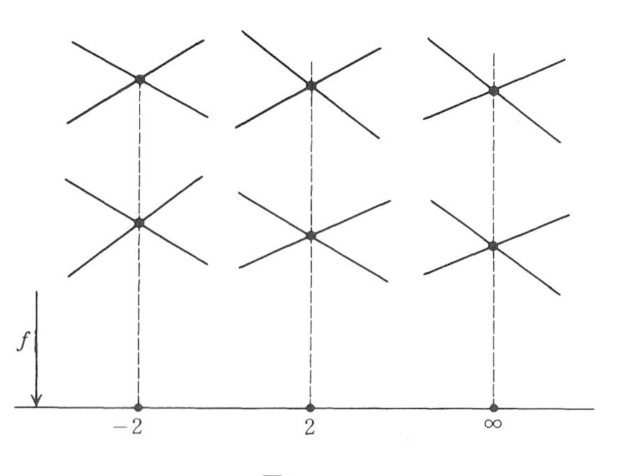

図A-4

を n/e_j 個並べた組よりなる．e_j は n の約数である．ガロア的な f の場合，e_j を，点 q_j **での分岐指数**と呼ぶ事にする．

この場合，リーマン-フルヴィッツの公式は

$$2n-2=\sum_{j=1}^{s}\frac{n}{e_j}(e_j-1)$$

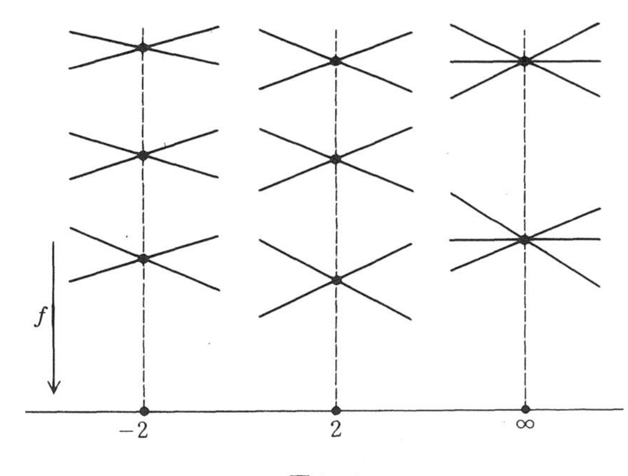

図A-5

と書ける．両辺を n で割って変形すると

$$\sum_{j=1}^{s}\left(1-\frac{1}{e_j}\right)=2-\frac{2}{n} \qquad \cdots(1)$$

と言う．きれいな式が得られる．

今，

$$2\leq e_1\leq\cdots\leq e_s\leq n \qquad \cdots(2)$$

と仮定してよい．

まず(1)より

$$2>2-\frac{2}{n}=\sum_{j=1}^{s}\left(1-\frac{1}{e_j}\right)\geq s\left(1-\frac{1}{2}\right)=\frac{s}{2}$$

故，

$$s\leq 3$$

である．$s=1$ はありえない．なぜなら，もし $s=1$ ならば，(1)は

$$2-\frac{2}{n}=1-\frac{1}{e_1}$$

となり，変形すると

$$\frac{2}{n}=1+\frac{1}{e_1}>1$$

となり，$n<2$ となって(2)に反する．

故に $s=2$ または $s=3$ である．

$s=2$ の場合　この場合，(1)は

$$2-\left(\frac{1}{e_1}+\frac{1}{e_2}\right)=2-\frac{2}{n}$$

(2)より

$$\frac{2}{n}=\frac{1}{e_1}+\frac{1}{e_2}\geq\frac{1}{e_2}+\frac{1}{e_2}=\frac{2}{e_2}$$

故に $e_2\geq n$．すなわち $e_2=n$．故に $e_1=e_2=n$．

$s=3$ の場合　この場合，(1)は

$$3-\left(\frac{1}{e_1}+\frac{1}{e_2}+\frac{1}{e_3}\right)=2-\frac{2}{n} \qquad \cdots(3)$$

と書ける．(2)より

$$1<1+\frac{2}{n}=\frac{1}{e_1}+\frac{1}{e_2}+\frac{1}{e_3}\leq\frac{3}{e_1}.$$

故に $e_1<3$，すなわち $e_1=2$．これを(3)に代入して(2)を用いると

$$\frac{1}{2}<\frac{1}{2}+\frac{1}{n}=\frac{1}{e_2}+\frac{1}{e_3}\leq\frac{2}{e_2}.$$

これより $e_2<4$，すなわち $e_2=2$ または $e_2=3$．

$e_2=2$ならば，(3)より

$$\frac{2}{n}=\frac{1}{e_3}, \text{ すなわち } n=2e_3.$$

$e_2=3$ ならば，(3)より

$$\frac{1}{6}<\frac{1}{6}+\frac{2}{n}=\frac{1}{e_3}.$$

故に $e_3<6$，すなわち $e_3=3,4,5$．

$e_3=3$ ならば $n=12$，

$e_3=4$ ならば $n=24$，

$e_3=5$ ならば $n=60$．

かくして我々は，(1)をみたす整数の組 $\{e_1, e_2, e_3\}$ を決定した．表にすると，次のようになる．

	s	$\{e_1, \cdots, e_s\}$	n
(イ)	2	$\{n, n\}(n\geq 2)$	n
(ロ)	3	$\{2, 2, m\}(m\geq 2)$	$2m$
(ハ)	3	$\{2, 3, 3\}$	12
(ニ)	3	$\{2, 3, 4\}$	24
(ホ)	3	$\{2, 3, 5\}$	60

補足4　直　線　族

与えられた点pをとおる直線全体の集合は，複素射影直線$\boldsymbol{P}^1$ $(=\widehat{C})$と，1対1対応する．（図A-6）

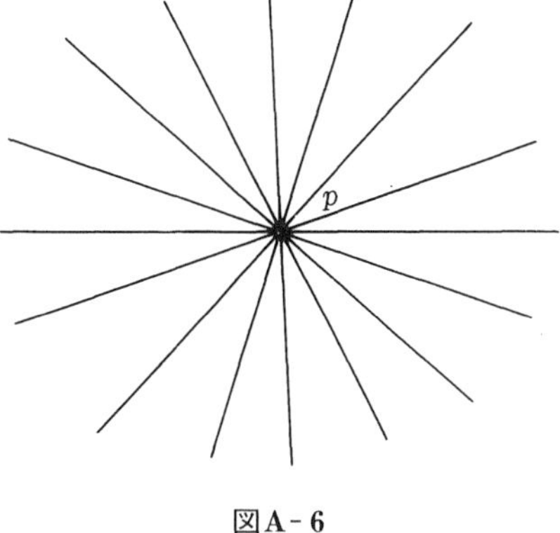

図A-6

実際，pをとおる異なる2直線

$L:F=\alpha_1Z_1+\alpha_2Z_2+\alpha_3Z_3=0,$

$M:G=\beta_1Z_1+\beta_2Z_2+\beta_3Z_3=0$

をとれば，pをとおる他の直線Nは

$N:\gamma_1F+\gamma_2G=(\gamma_1\alpha_1+\gamma_2\beta_1)Z_0$
$+(\gamma_1\alpha_2+\gamma_2\beta_2)Z_1+(\gamma_1\alpha_3+\gamma_2\beta_3)Z_3=0$

と書ける．ここに（$\gamma_1:\gamma_2$）は$\boldsymbol{P}^1$の点である．対応

$$N\longmapsto(\gamma_1:\gamma_2)$$

は，pをとおる直線全体の集合から$\boldsymbol{P}^1$への，1対1対応を与える．特に

$$L\longmapsto(1:0),\quad M\longmapsto(0:1)$$

となっている．従って，$N\neq L$，$N\neq M$ならば，対応する（$\gamma_1:\gamma_2$）のγ_1，γ_2は，どちらもゼロでない．

補足5　デザルグの定理とパップスの定理の幾何的証明

複素射影平面$\boldsymbol{P}^2$上の直線L，L'は共に，$\boldsymbol{P}^1(=\widehat{C})$と同一視出来る．こう同一視した時，$L$上の与えられた異なる3点$p_1,p_2,p_3$を，$L'$上の与えられた異なる3点$q_1$，$q_2$，$q_3$にそれぞれうつす（**直線間の**）**射影変換**

$$\varphi:L(=\boldsymbol{P}^1)\longrightarrow L'(=\boldsymbol{P}^1)$$

が唯一，存在する（命題3.1参照）．

L上の点$p_1,p_2,\cdots p_s$が，（あるφにより）L'上の点$q_1,q_2,\cdots,q_s$にそれぞれうつされる時，古典的記法で

$$p_1p_2\cdots p_s\,\overline{\wedge}\,q_1q_2\cdots q_s$$

と書く.

上述より,($L=L'$ の場合)L 上で

$$p_1p_2p_3p_4 \barwedge p_1p_2p_3p_4'$$

ならば,$p_4=p_4'$ である.

さて,このような,(直線間の)射影変換 φ の重要な例として,配影変換がある.

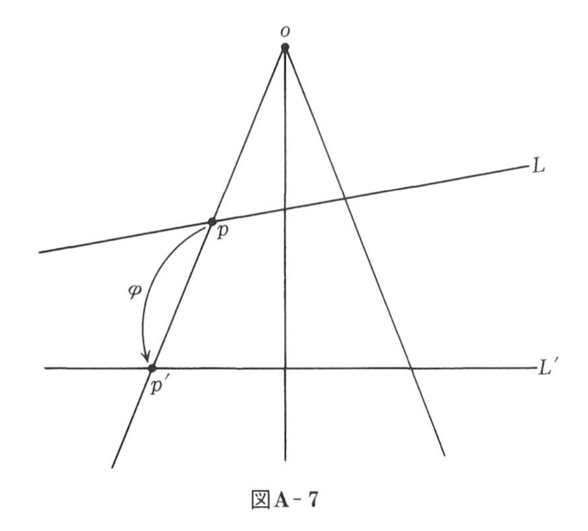

図A-7

直線 L, L' 外から1点 o をとり,o 中心の射影を行なう.(図A-7)

L の点 p に,直線 $\overline{op}$ と L' の交点 p' を対応させる.

$$\varphi : p \longrightarrow p'$$

これは,L から L' への,特別な射影変換であり,古典的に,(o を中心とする)**配影変換**と呼ばれる.この φ によって,$\varphi(p_1)=q_1$, $\varphi(p_2)=q_2$, …, $\varphi(p_s)=q_s$ の時,やはり古典的記法で

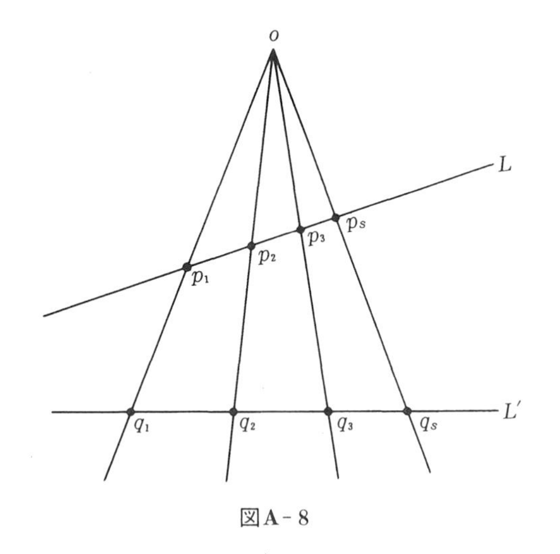

図A-8

$$p_1p_2\cdots p_s \overset{o}{\barwedge} q_1q_2\cdots q_s$$

と書く.(図A-8)

さて,デザルグの定理を証明するには,図A-9において,

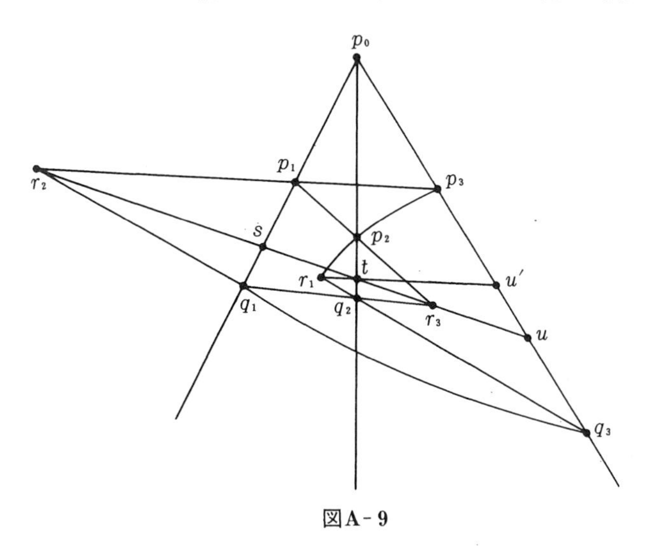

図A-9

$\overline{r_2r_3}$ と $\overline{p_0p_2}$ の交点を t,

$\overline{r_2r_3}$ と $\overline{p_0p_3}$ の交点を u,

$\overline{r_1t}$ と $\overline{p_0p_3}$ の交点を u'

とおく時，$u=u'$ を示せばよい．

図A-9をじっとにらんで，

$$p_0p_3uq_3 \overset{r_2}{\overline{\overline{\wedge}}} p_0p_1sq_1 \overset{r_3}{\overline{\overline{\wedge}}} p_0p_2tq_2 \overset{r_1}{\overline{\overline{\wedge}}} p_0p_3u'q_3$$

を得る．故に

$$P_0P_3uq_3 \overline{\wedge} P_0P_3u'q_3$$

となり，従って $u=u'$ が得られる．

次に，パップスの定理を証明するには，図A-10において，

$\overline{r_1r_2}$ と $\overline{p_1q_2}$ の交点を t,

$\overline{r_1r_2}$ と $\overline{p_2q_1}$ の交点を t'

とする時，$t=t'$ を示せばよい．(図A-10)

図A-10をじっとにらんで

$$sr_1r_2t \overset{q_2}{\overline{\overline{\wedge}}} q_3ur_2p_1 \overset{p_3}{\overline{\overline{\wedge}}} q_3r_1vp_2 \overset{q_1}{\overline{\overline{\wedge}}} sr_1r_2t'$$

を得る．故に

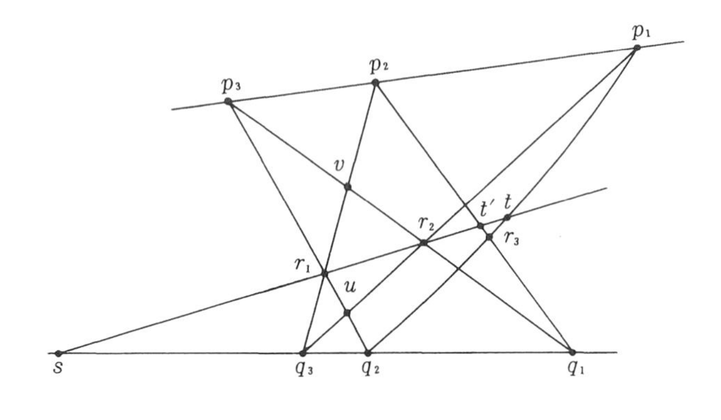

図A-10

$$sr_1r_2t \,\overline{\wedge}\, sr_1r_2t'$$

となり，$t=t'$ を得る．

補足6　パスカルの定理の幾何的証明

パスカルの定理を，シュタイナーの方法で証明する．

C を既約二次曲線，p を C 上の点，L を p をとおらない直線とする．(図A-11)．

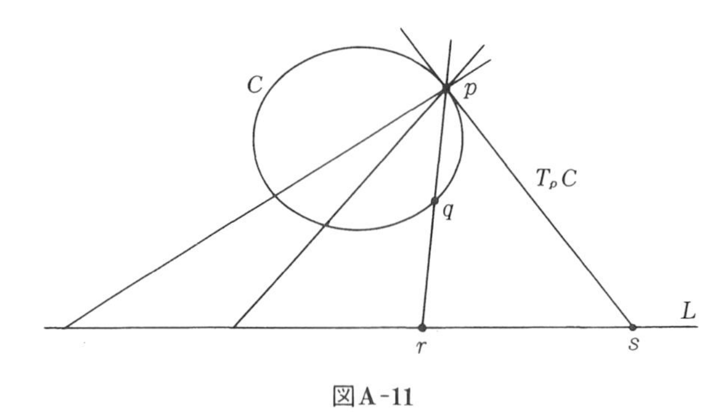

図A-11

p をとおる直線が，C，L と交わる点をそれぞれ q，r とする時，対応

$$\pi_p : q \longmapsto r$$

($\pi_p(p)=s$ は，p での C への接線 T_pC と L との交点.)は，C から L への1対1（双連続）写像である.

定理A.2（シュタイナー）　p，q を既約二次曲線 C 上の2点とし，L, M をそれぞれ p, q をとおらない直線とする. この時，$\pi_p^{-1}: L \longrightarrow C$，$\pi_q: C \longrightarrow M$ の合成 $\varphi=\pi_q \circ \pi_p^{-1}: L \longrightarrow M$ は，直線 L から M への射影変換（補足5参照）である.（図A-12）

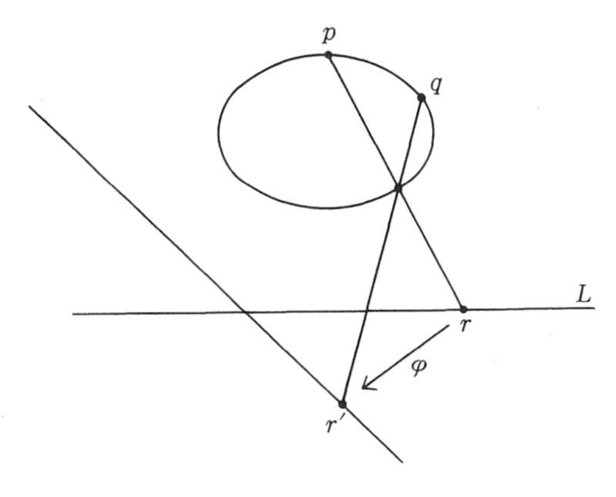

図A-12

略証　命題5.2により，座標系を適当にとると，C は

$C: X_1^2-X_2X_3=0$

としてよい. また $p=(0:1:0)$，$q=(0:0:1)$ としてよい. 簡単のため $x=X_1/X_3$，$y=X_2/X_3$ とおくと

$C: y=x^2$，$p=$無限遠点，$q=(0,0)$

である.（図A-13）

$$\begin{cases} L: y=x+1 \\ M: y=-x-2 \end{cases}$$

とおく.

$r=(x, y)=(x, x^2)$ を C 上の点とし，図A

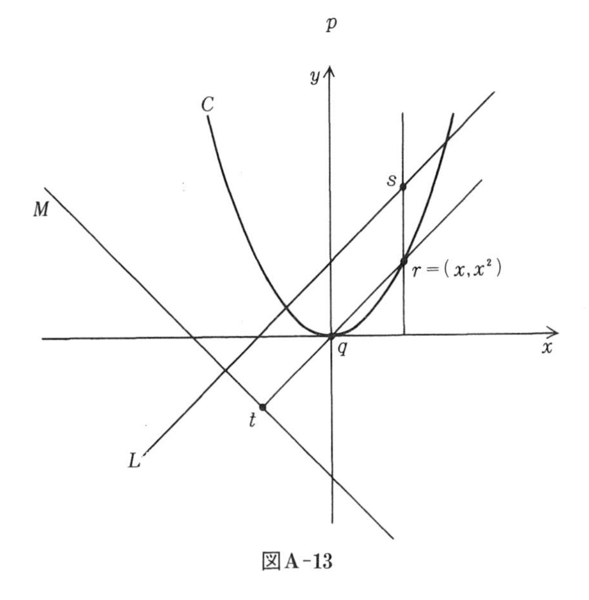

図A-13

-13のように点 s, t をとると,

$$\begin{cases}\pi_p : r \longmapsto s \\ \pi_q : r \longmapsto t\end{cases}$$

である．容易に計算されるように

$$\begin{cases}s=(x,\ x+1) \\ t=\left(\dfrac{-2}{x+1},\ \dfrac{-2x}{x+1}\right)\end{cases}$$

である．故に

$$\varphi=\pi_q\circ\pi_p^{-1} : (x,\ x+1) \longmapsto \left(\frac{-2}{x+1},\ \frac{-2x}{x+1}\right)$$

一方, L, M は, それぞれ

$$\begin{cases}(x,\ x+1) \longmapsto x \\ (t,\ -t-2) \longmapsto t\end{cases}$$

でもって, $\boldsymbol{P}^1=\hat{C}$ と同一視される．

$$x \longmapsto \frac{-2}{x+1}$$

が $\boldsymbol{P}^1$ からそれ自身への射影変換なので, φ は L から M への射影変換である．

(上証明で, L, M のとり方をかえてもよい．また, $L=M$ としてもよい．)　**証明終**

さて, このシュタイナーの定理を用いて, パスカルの定理を証明しよう．

C を既約二次曲線, p_1, p_2, p_3, p_4, p_5 を C 上の異なる5点とし, L を p_5 をとおり, 他の点はとおらない直線とする．(図A-14)

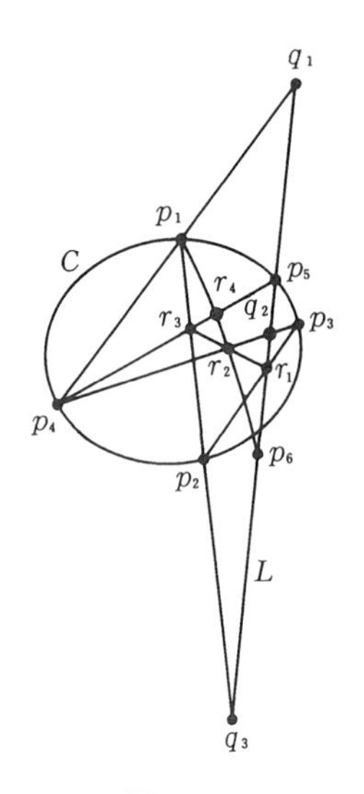

図A-14

この図において,

q_1 を L と $\overline{p_1p_4}$ の交点,

q_2 を L と $\overline{p_3p_4}$ の交点,

q_3 を L と $\overline{p_1p_2}$ の交点,

r_1 を L と $\overline{p_2p_3}$ の交点,

r_3 を $\overline{p_1p_2}$ と $\overline{p_4p_5}$ の交点,
r_2 を $\overline{p_3p_4}$ と $\overline{r_1r_3}$ の交点,
r_4 を $\overline{p_1r_2}$ と $\overline{p_4p_5}$ の交点,
p_6 を L と $\overline{p_1r_2}$ の交点,

とおく.

パスカルの定理を証明するには, p_6 が C 上の点である事を示せば十分である.

$$\pi=\pi_{p_4}: C\longrightarrow L$$
$$\pi'=\pi_{p_2}: C\longrightarrow L$$

とおくと,

$$\varphi=\pi'\circ\pi^{-1}: L\longrightarrow L$$

は, 上のシュタイナーの定理より, L から L への射影変換である.

L の点 p に対し, 一般には $\varphi(p)\neq p$ である. $\varphi(p)=p$, すなわち, p が φ の不動点, となるのは, p が L と C の交点の時, そしてその時のみである.

特に $\varphi(p_5)=p_5$ である. また, $\varphi(q_1)=q_3$, $\varphi(q_2)=r_1$ である. (図A-14を見よ.)

$$\varphi(p_5)=p_5,\quad \varphi(q_1)=q_3,\quad \varphi(q_2)=r_1 \qquad \cdots(1)$$

さて, 補足5の配影変換を用いると,

$$q_1p_5q_2p_6 \overset{p_4}{\overline{\overline{\wedge}}} p_1r_4r_2p_6 \overset{r_3}{\overline{\overline{\wedge}}} q_3p_5r_1p_6$$

となる. 故に(1)より $\varphi(p_6)=p_6$ となり, p_6 は L と C の (p_5 以外の) 交点となる.

かくして, パスカルの定理は証明された.

なお, 上記シュタイナーの定理は, 逆も成立し, 逆定理の双対命題(読者自ら述べられたい)は, 図A-15であらわされる.

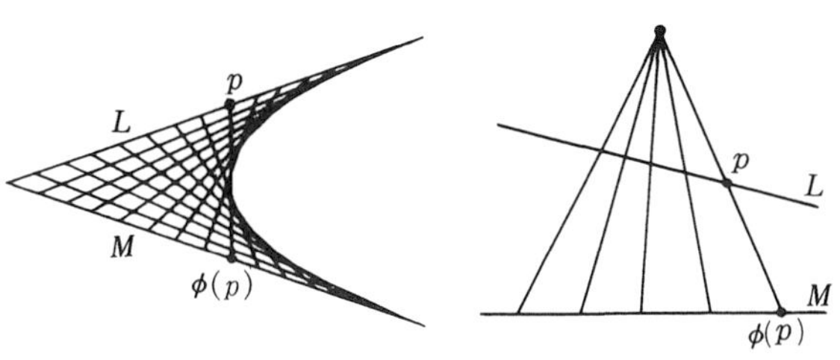

図A-15

補足7　パスカルの定理のパスカルによる証明

図A-16において，点 q_1, q_2, q_3 が一直線上にある事を証明する．

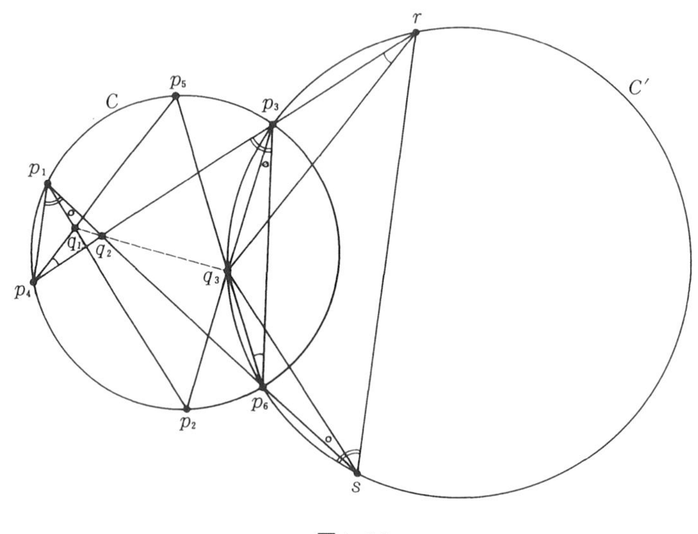

図A-16

図A-16のように，q_3, p_3, p_6 をとおる円 C' を考える．C' と $\overline{p_3p_4}, \overline{p_1p_6}$ と交わる点を，それぞれ r, s とする．

$<p_3rq_2$ は，円周角の定理より，$<p_3p_6p_5$ に等しく，それは，$<p_3p_4p_5$ に等しい．故に $\overline{rq_3}$ と $\overline{p_5p_4}$ は平行である．同様に

$$\begin{cases} \overline{sq_3} \mathbin{/\!/} \overline{p_2p_1} \\ \overline{rs} \mathbin{/\!/} p_1p_4 \end{cases}$$

この事は，$\triangle q_1p_1p_4$ と $\triangle q_3sr$ が相似で，相似の中心が q_2 である事を示す．特に q_1, q_2, q_3 は一直線上にある．

補足8　曲線の交点数

§7における交点数 $I_p(C, D)$ の定義は，代数的でむづかしい．交点数

の，よりわかりやすい，解析的な計算法を，以下に与えよう．（ただし，§10の用語を用いる．）

§7と同様に，座標変換して，

$$p=(0,0),\ \ C : f(x,y)=0,\ \ D : g(x,y)=0$$

とする．

(イ)　**$\boldsymbol{p}$ が $\boldsymbol{D}$ の非特異点の場合．** この時

$$\frac{\partial g}{\partial x}(0,0),\ \ \frac{\partial g}{\partial y}(0,0)$$

のどちらかがゼロでない．（命題7．5と，§7，問2の解答参照．）今

$$\frac{\partial g}{\partial y}(0,0)\neq 0$$

とする．この時，（複素変数の）陰関数定理（定理10.10）より，曲線 D は，原点の回りで

$$y=\varphi(x)$$

と解ける．ここに，φ は $\varphi(0)=0$ となる解析関数である．これを $f(x,y)$ に代入して

$$\psi(x)=f(x,\varphi(x))$$

を考えると，これは $\psi(0)=0$ となる $x=0$ の回りの解析関数である．この時，交点数 $I_p(C,D)$ は，$\psi(x)$ の $x=0$ での**零点の位数**，すなわち，$\psi(x)$ を $x=0$ 中心に**巾級数展開**（§10参照）

$$\psi(x)=a_m x^m+a_{m+1}x^{m+1}+\cdots,\ \ (a_m\neq 0)$$

とした時の，自然数 m，に等しい．

例えば，

$$\begin{cases} C : f(x,y)=y^2-x^3=0 \\ D : g(x,y)=y-x=0 \end{cases}$$

（図7．7の第3図）とすれば，$\varphi(x)=x$ となり

$$\varphi(x)=f(x,\varphi(x))=x^2-x^3$$

の，$x=0$ での零点の位数が2故

$$I_p(C,D)=2.$$

また

$$\begin{cases} C : f(x, y) = y^2 - x^3 = 0 \\ D : g(x, y) = y = 0 \end{cases}$$

（図７．７の第４図）とすれば，$\varphi(x)=0$（恒等的）となり，

$$\psi(x) = f(x, 0) = -x^3$$

の $x=0$ での零点の位数が３故

$$I_p(C, D) = 3.$$

(ロ)　**p が D のカスプの場合．** この時，複素平面 $\boldsymbol{C}$ 内の，0を含む小さい領域から，曲線 D 内の，p の**近傍**（$\boldsymbol{P}^2$ のある開集合と D の共通集合の事）への，双連続写像

$$\varphi : t \longmapsto (x, y) = (x(t), y(t))$$

が存在する．ここに，$x(t)$，$y(t)$ は $x(0)=0$，$y(0)=0$ となる解析関数である．このような t と φ の組 (t, φ) を，pの回りの，曲線 D の**局所一意化変数**と言う．（定理10.13参照．）

さて，$f(x, y)$ に代入して

$$\psi(t) = f(x(t), y(t))$$

を考えると，これは $\psi(0)=0$ となる，$t=0$ の回りの解析関数である．交点数 $I_p(C, D)$ は，$\psi(t)$ の $t=0$ での零点の位数に等しい．

例えば，

$$D : g(x, y) = y^2 - x^3$$

とすると，局所一意化変数として

$$\varphi : t \longmapsto (x, y) = (t^2, t^3)$$

がとれる．今

$$C : f(x, y) = x^2 - y^3$$

とすると

$$\begin{aligned} \psi(t) &= f(x(t), y(t)) \\ &= f(t^2, t^3) = t^4 - t^9 \end{aligned}$$

故，$I_p(C, D)=4$ となる．（図A-17）

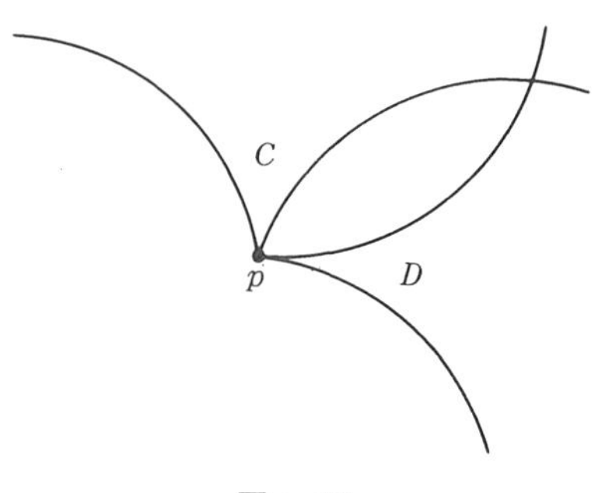

図A-17

(ハ)　**曲線 D が，p の回りで，局所的既約曲線 $D_1, \cdots, D_s$ の**

和集合：$\boldsymbol{D}=\boldsymbol{D}_1\cup\cdots\cup\boldsymbol{D}_s$ である時． この場合は，$I_p(C,D_j)$ を(イ)，(ロ)の方法で求めて

$$I_p(C,D)=\sum_{j=1}^{s}I_p(C,D_j)$$

とすればよい．

例えば，

$$C：y=0$$
$$D：y^2-x^2(x+1)=0$$

とすると，D は，$\boldsymbol{D}^2$ の曲線としては既約だが，$p=(0,0)$ の近傍では，ふたつの局所的既約曲線

$D_1：y-x\sqrt{x+1}=0$,

$D_2：y+x\sqrt{x+1}=0$

の和集合となるので，$I_p(C,D)=I_p(C,D_1)+I_p(C,D_2)=1+1=2$．(図A-18)

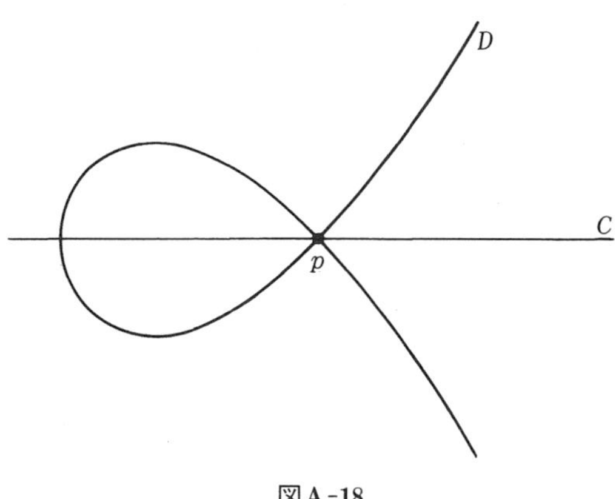

図A-18

以上の(イ)，(ロ)，(ハ)でもって，逆に，交点数 $I_p(C,D)$ の定義としてもよいが，こう定義すると，曲線 C と D の役目を交換してもよい事がすぐにはわからず，証明を要する：

$$I_p(C,D)=I_p(D,C).$$

§7の代数的定義では，この対称性は，あきらかである．

さて，命題7．6は，上述の(イ)より出る．すなわち，

$$C：f(x,y)=f_m+f_{m+1}+\cdots+f_n=0$$

($f_j=f_j(x,y)$は，斉次 j 次式で，f_m は恒等的には，ゼロにならない．)とおく．また

$$L：g(x,y)=ax+by=0$$

とおく．ここに $b\neq0$ と仮定してよい．さらに $-b$ で割って，$b=-1$ と

仮定してよい：

$$L：g(x, y)=ax-y=0.$$

故に，

$$\psi(x)=f(x, ax)=f_m(x, ax)+\cdots+f_n(x, ax).$$

この関数の，$x=0$ での零点の位数は，あきらかに m 以上である．すなわち

$$m_p(C)=m\leq I_p(C, L).$$

ここで等号は，

$$f_m(x, ax)=0 \text{（恒等的）}$$

すなわち $f_m(x, y)$ が $y-ax$ を因子に持つ時，すなわち L が p での C への接線である時，かつ，その時のみに，起こる．

補足 9　変曲点について

斉次 n 次式 $F=F(Z_1, Z_2, Z_3)$，$(n\geq 3)$ に対し，F の**ヘシアン**（Hessian）$\mathrm{Hess}(F)$ なる斉次 $3(n-2)$ 次式を次のように定義する：

$$\mathrm{Hess}(F)=\begin{vmatrix} \dfrac{\partial^2 F}{\partial Z_1^2} & \dfrac{\partial^2 F}{\partial Z_1 \partial Z_2} & \dfrac{\partial^2 F}{\partial Z_1 \partial Z_3} \\ \dfrac{\partial^2 F}{\partial Z_1 \partial Z_2} & \dfrac{\partial^2 F}{\partial Z_2^2} & \dfrac{\partial^2 F}{\partial Z_2 \partial Z_3} \\ \dfrac{\partial^2 F}{\partial Z_1 \partial Z_3} & \dfrac{\partial^2 F}{\partial Z_2 \partial Z_3} & \dfrac{\partial^2 F}{\partial Z_3^2} \end{vmatrix}$$

曲線 $C：F=0$ に対し，曲線 $\mathrm{Hess}(C)：\mathrm{Hess}(F)=0$ を，C の**ヘッセ曲線**と言う．（これが座標変換によらない事は，計算で確かめられる．）

定理 A．3　$C：F=0$ を既約 n 次曲線 $(n\geq 3)$ とし，p を C の非特異点とする．p が C の変曲点であるための必要十分条件は，p が C のヘッセ曲線上にもある事である．

この定理の証明は，河井［11］または Namba［13］を参照．

例として，非特異三次曲線

$$C : F = Z_3 Z_2^2 - Z_1(Z_1 - Z_3)(Z_1 - 2Z_3)$$

をとる．(図 7 -12)

$$\mathrm{Hess}(F) = \begin{vmatrix} -6Z_1+6Z_3 & 0 & 6Z_1-4Z_3 \\ 0 & 2Z_3 & 2Z_2 \\ 6Z_1-4Z_3 & 2Z_2 & -4Z_1 \end{vmatrix}$$

$$= 24(Z_1 - Z_3)(2Z_1Z_3 + Z_2^2) - 4Z_3(3Z_1 - 2Z_3)^2$$

C の変曲点は，C と $\mathrm{Hess}(C) : \mathrm{Hess}(F) = 0$ の交点である．$(Z_1 : Z_2 : Z_3) = (0 : 1 : 0)$ が変曲点な事は，すぐわかる．他の変曲点は，連立方程式

$$\begin{cases} f(x, y) = F(x, y, 1) = y^2 - x(x-1)(x-2) = 0 \\ g(x, y) = \mathrm{Hess}(F)(x, y, 1)/4 = 6y^2(x-1) + 3x^2 - 4 = 0 \end{cases}$$

の根 (x, y) として求められる．両者から y^2 を消去すると

$$x(x-1)(x-2) = (4-3x^2)/6(x-1)$$

となる．この方程式は，4 単根 x_1，x_2，x_3，x_4 を持つ．(この事は，$h(x) = (4-3x^2)/6(x-1)$ が単調減少であることによってわかる．2 実根（ひとつは負，ひとつは正）と，2 虚根を持つ.）そして，

$$y_j = \sqrt{x_j(x_j-1)(x_j-2)}$$

を求めれば，($y_j \neq 0$ であって) 8 点

$$(x_j, y_j),\quad (x_j, -y_j) \qquad (1 \leq j \leq 4)$$

が，(0 : 0 : 1) 以外の変曲点である.（正根x_1の(x_1, y_1)，$(x_1, -y_1)$が実部にあらわれる.)

一般の非特異三次曲線 C も，適当に座標変換をすれば，**リーマンの標準形**

$$C : y^2 - x(x-1)(x-\lambda) = 0,$$

($x = Z_1/Z_0$，$y = Z_2/Z_0$，λ は 0 でも 1 でもない定数.）となる．これについて，上と同様の計算をすれば，C 上に，変曲点が丁度 9 点ある事がわかる．

補足10　閉リーマン面の同値問題と自己同型群

同値問題と自己同型群については，非常に多くの事が知られているが，その中から，次の諸定理を紹介しよう．(飯高[7]，Namba[13]参照.)

まず

定理A.4 (1)示性数 $g=0$ の閉リーマン面は，必ず $\hat{C}$ と正則同型である．(2)示性数 $g=1$ の閉リーマン面は，必ず，ある数 $\lambda(\neq 0,1)$ に対する非特異三次曲線

$$C(\lambda): w^2-z(z-1)(z-\lambda)=0$$

と正則同型になる．

この定理と定理11.6を組み合わせれば，$g=0$, $g=1$ の閉リーマン面の同値問題は解決される．

$\mathrm{Aut}(\hat{C})$ は，一次分数変換全体で，無限群である．また，$\mathrm{Aut}(C(\lambda))$ も，無限群である事が知られている．これに対して

定理A.5（フルヴィッツ） 示性数 $g(\geq 2)$ の閉リーマン面 S の自己同型群 $\mathrm{Aut}(S)$ は有限群であり，その位数は $84(g-1)$ 以下である．

また，定理11.6の拡張として，

定理A.6 n を3で割り切れない2以上の自然数とし，λ を0，1と異なる複素数とする．$V(\lambda)$ を，次式で定義される既約代数曲線のリーマン面（§10，示性数 $g=n-1$）とする：

$$V(\lambda): w^n-z(z-1)(z-\lambda)=0.$$

この時，$V(\lambda)$ と $V(\lambda')$ が正則同型であるための必要十分条件は，λ' が次のいずれかと等しい事である：

$$\lambda,\ \frac{1}{\lambda},\ 1-\lambda,\ \frac{1}{1-\lambda},\ \frac{\lambda-1}{\lambda},\ \frac{\lambda}{\lambda-1}$$

定理A.7 $\boldsymbol{P}^2$ 上の非特異 $n(\geq 4)$ 次曲線 C と D に対し，正則同型 $\varphi: C\to D$ が存在すれば，φ は必然的に，$\boldsymbol{P}^2$ の自己同型（射影変換）を C に制限したものである．

この定理は，$n=3$ では不成立である．この定理の応用として

定理A．8　$\alpha_1, \cdots, \alpha_n$（及び $\beta_1, \cdots, \beta_n$）を異なる複素数とする．非特異 n 次曲線

$$C : w^n-(z-\alpha_1)\cdots(z-\alpha_n)=0,$$
$$D : w^n-(z-\beta_1)\cdots(z-\beta_n)=0$$

が正則同型であるための必要十分条件は，$\boldsymbol{C}$ の有限部分集合 $\{\alpha_1, \cdots, \alpha_n\}$ を $\{\beta_1, \cdots, \beta_n\}$ にうつす一次分数変換が存在する事である．

この定理の方は $n\leq 3$ でも成立している．

系A．9　非特異 n 次曲線（$n\geq 4$）

$$C : Z_1^n+Z_2^n+Z_3^n=0$$

の自己同型群 $\mathrm{Aut}(C)$ は，

$$(Z_1 : Z_2 : Z_3) \longmapsto (Z_2 : Z_1 : Z_3),$$
$$(Z_1 : Z_2 : Z_3) \longmapsto (Z_3 : Z_2 : Z_1),$$
$$(Z_1 : Z_2 : Z_3) \longmapsto (Z_1 : \zeta Z_2 : Z_3),$$
$$(Z_1 : Z_2 : Z_3) \longmapsto (Z_1 : Z_2 : \zeta Z_3)$$

$(\zeta=e^{2\pi i/n})$ で生成され，その位数は $6n^2$ である．

定理A．10（クライン）　非特異4次曲線

$$C : Z_1^3Z_2+Z_2^3Z_3+Z_3^3Z_1=0$$

の自己同型群 $\mathrm{Aut}(C)$ は，位数168の単純群である．

この定理の，$\mathrm{Aut}(C)$ の位数 $168=84\times(3-1)$ は，定理A．5における最大値を与えている．有限群が**単純**とは，それ自身と単位元以外に，正規部分群を有しない事である．素数を位数とする巡回群は単純群であるが，それ以外の単純群が近年，全て決定された．散在単純群の最大位数は，

$2^{46}\cdot 3^{20}\cdot 5^9\cdot 7^6\cdot 11^3\cdot 13^3\cdot 17\cdot 19\cdot 23\cdot 29\cdot 31\cdot 41\cdot 47\cdot 59\cdot 71$

で，**モンスター**と呼ばれる．非巡回単純群の最小位数は60で，5次交代

群 A_5 である．上定理の $\mathrm{Aut}(C)$ は，2番目に小さい位数を持つ．

次の問題の答を，筆者は知らない．(補足11の「注意」参照.)

問題 有限群 G を任意に与えた時, G と同型な自己同型群を持つ閉リーマン面が，存在するか．

少し弱い形で，次の定理が成立する．

定理A.11 有限群 G を任意に与えた時，閉リーマン面 S が存在して，$\mathrm{Aut}(S)$ は，G と同型な部分群を持つ．

この定理は, 次の補足11で述べる定理A.12から, 直ちに出てくる事である．

補足11 ガロア的正則写像

S，T を示性数がそれぞれ g，g' である閉リーマン面とし，

$$f: S \longrightarrow T$$

を，上への正則写像とする．f の**自己同型** φ とは，S の自己同型で $f\circ\varphi=f$ となる φ の事である．その全体 G_f は，$\mathrm{Aut}(S)$ の部分群をなす．これを f の**自己同形群**と言う．これは，必ず有限群となる．

f は，分岐点を除くと，n 対1写像になる．この n を f の写像度と言い，$\deg f$ であらわす．有限群 G_f の位数 $\#G_f$ は，

$$\#G_f \leq \deg f$$

をみたす．これが等号の時, f を**ガロア的**と言う．この条件は, 次と同値である：$f(p)=f(p')$ となる S の点 p，p' に対し，$\varphi(p)=p'$ となる G_f の元 φ が存在する．この時は，G_f を f の**ガロア群**と呼ぶ．

f がガロア的と言う事と，S の有理型関数全体の作る体 $\boldsymbol{C}(S)$ が $\boldsymbol{C}(T)$ 上，ガロア拡大である事とは，同値である．この時，G_f は，ガロア群 $\mathrm{Gal}(\boldsymbol{C}(S)/\boldsymbol{C}(T))$ と自然に同型である．

さて，f をガロア的とする．以下，補足3と同様の議論をおこなう．S

の点 p が分岐点で，分岐指数が $e(\geq 2)$ ならば，$f(p')=f(p)$ となる各 p' も分岐点で，分岐指数は，同じ e である．この場合，$q=f(p)$ が**分岐点**で，**分岐指数**が e であると言う．

$$\{q_1, \cdots, q_j\}$$

を，T の部分集合で，ガロア的 f の分岐点全体とする．q_j での分岐指数を e_j とする．e_j は $n=\deg f$ の約数である．リーマン-フルヴィッツの公式より

$$2g-2=n(2g'-2)+\sum_{j=1}^{s}\frac{n}{e_j}(e_j-1)$$

両辺を n で割り，移項すると，次の公式を得る．

$$\sum_{j=1}^{s}\left(1-\frac{1}{e_j}\right)+2\left(g'-\frac{g}{n}\right)=2\left(1-\frac{1}{n}\right) \qquad \cdots(1)$$

今，特に $g=1$，$g'=0$ とする．この時，(1)は（n が消えて）

$$\sum_{j=1}^{s}\left(1-\frac{1}{e_j}\right)=2 \qquad \cdots(2)$$

となる．(2)をみたす $\{e_1, \cdots, e_s\}$ は，補足3のように考えると，次表の如く，極めて限られる．

	s	$\{e_1, \cdots, e_s\}$
(イ)	3	$\{2, 3, 6\}$
(ロ)	3	$\{2, 4, 4\}$
(ハ)	3	$\{3, 3, 3\}$
(ニ)	4	$\{2, 2, 2, 2\}$

公式(2)は，$n=\deg f$ を含まない．事実，各分岐分布(イ)，(ロ)，(ハ)，(ニ)を持つ有理型関数

$$f: S \longrightarrow \hat{C}$$

は沢山あり，$\deg f$ もいろいろとり得る．しかし，最小の写像度 n は，(イ)，(ロ)，(ハ)，(ニ)において，それぞれ，（e_3 と同じ）6，4，3，2である．次式で定義される既約代数曲線のリーマン面 S と，その上の有理型関数

$$f: (z, w) \longmapsto z$$

がそれぞれの例を与える．

(イ)　$w^6-z^3(1-z)^2=0$,

(ロ)　$w^4-z^2+1=0$,

(ハ)　$w^3+z^3-1=0$,

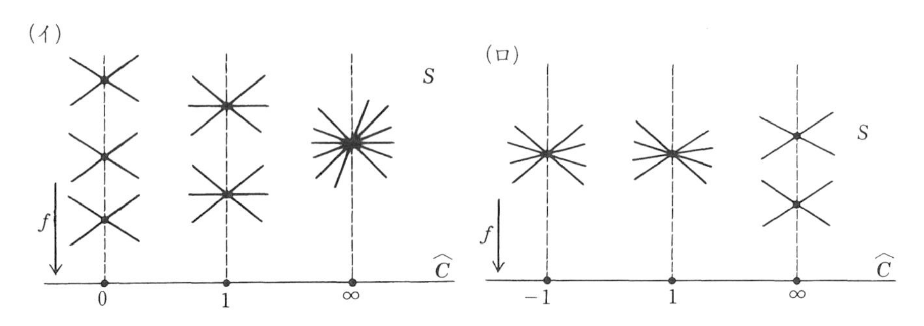

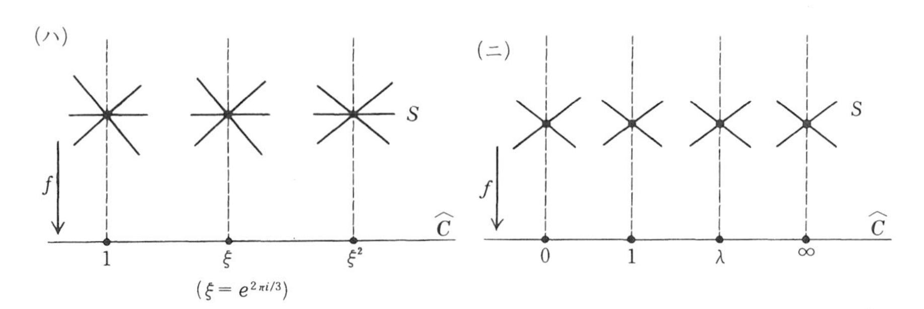

図A-19

(ニ) $w^2-z(z-1)(z-\lambda)=0$, $(\lambda\neq 0, 1)$.

これらの分岐分布図は，図A-19で与えられる．

一般に，ガロア的正則写像

$$f : S \longrightarrow T$$

は，図A-19のように「きれいな」分岐分布図を持っている．しかし，逆は成立しない．「きれいな」分岐分布図図A-20を持つが，ガロア的でない正則写像

$$f : S \longrightarrow \hat{C}$$

(ただし，S の示性数は3，$\deg f=4$) が存在する．

なお，ガロア的正則写像に関して，次の定理が成立する．

定理A.12 閉リーマン面 T と有限群 G が任意に与えられた時，閉リーマン面 S と，ガロア的正則写像 $f : S \longrightarrow T$ が存在して，G_f が G と

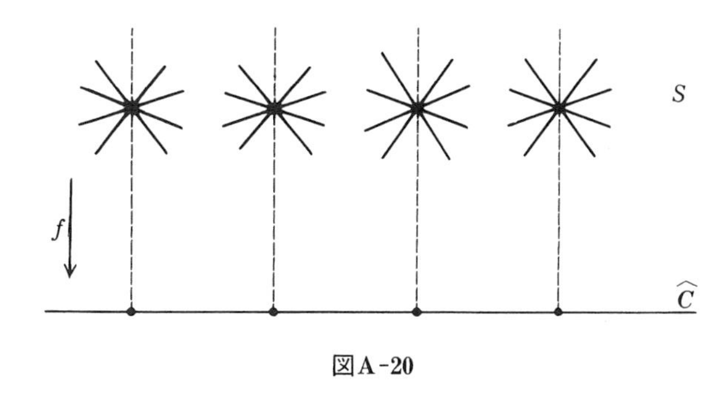

図A-20

同型になる.

注意 (1)定理A.12の証明は,例えばNamba[24]を参照されたい.
(2)捕捉10の「問題」については,後に
L.Greenberg:Maximal Fuchsian groups,Bull.Amer.Math.Soc.69(1963),569-573.
で肯定的解答を与えていることを知った.

しかし筆者には,その(短い)証明がどうしても理解できず,(水田氏と共著で)自分達流の証明を与えた:
S.Mizuta-M.Nanba:Greenberg's theorem and equivalence problem on compact Riemann surfaces,Osaka J.Math.43(2006),137-178.

答とヒント

1.

問1．$z_1=r_1(\cos\theta_1+i\sin\theta_1)$，$z_2=r_2(\cos\theta_2+i\sin\theta_2)$ と極表示すると

$$z_1z_2=r_1r_2\{(\cos\theta_1\cos\theta_2-\sin\theta_1\sin\theta_2)+i(\cos\theta_1\sin\theta_2+\sin\theta_1\cos\theta_2)\}$$
$$=r_1r_2\{\cos(\theta_1+\theta_2)+i\sin(\theta_1+\theta_2)\}.$$

これは，複素数 z_1z_2 の極表示である．故に

$$|z_1z_2|=r_1r_2,\ \arg(z_1z_2)=\theta_1+\theta_2.$$

(3)は，(1)，(2)より導かれる．

問4．中心 O，半径 r の円 O に対し，O,P,Q が一直線上にある点 P,Q が $OP\cdot OQ=r^2$ をみたす時，P は Q の（Q は P の）円 O に関する**反転**であると言う．

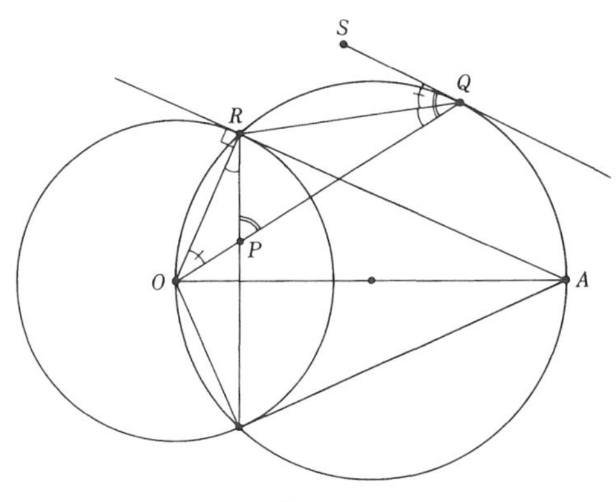

図B-1

さて，図B-1において，点 R が線分 OA を直径とする円上にも，また，元の円 O 上にもあるとする．

直線 $\overline{PR}$ は反転によって，円弧 $\widehat{QR}$ にうつる．また，直線 $\overrightarrow{PQ}$（向きがついている．）は反転によって（逆向きの）直線 $\overrightarrow{QP}$ にうつる．図B-1より $\angle RPQ=\angle SQP$ が言えるので，この特別な場合は，反転が角の大きさは保つが向きを逆にする事がわかる．一般の場合は，この特別な場合に帰着される．

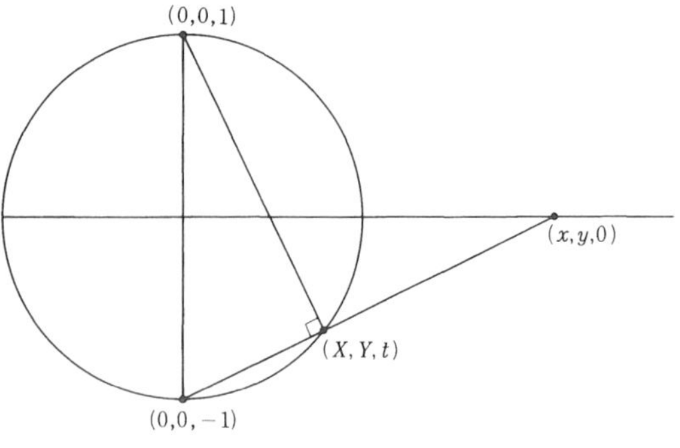

図B-2

問5．図B-2における比

例関係より

$$\frac{x}{X}=\frac{y}{Y}=\frac{1}{t+1}$$

故に

$$x=\frac{X}{t+1},\quad y=\frac{Y}{t+1}$$

一方，$X^2+Y^2+t^2=1$ 故，

$$x^2(t+1)^2+y^2(t+1)^2=1-t^2.$$

両辺を $t+1$ で割り，移項すると

$$t(1+x^2+y^2)=1-x^2-y^2.$$

これより，t，従って X, Y が x，y で次のように書ける事がわかる．

$$\begin{cases} t=\dfrac{1-x^2-y^2}{1+x^2+y^2} \\ X=\dfrac{2x}{1+x^2+y^2} \\ Y=\dfrac{2y}{1+x^2+y^2} \end{cases}$$

問6．図B-3のように，南極 s をとおり，(x, y)-平面に平行な平面を考える．p をとおり，球面に，2接線を引き，この平面と交わる点を，q, r とする．$\overline{qp}, \overline{qs}$ は共に球面への接線故，$qs=qp$．同様に $rs=rp$．従って，

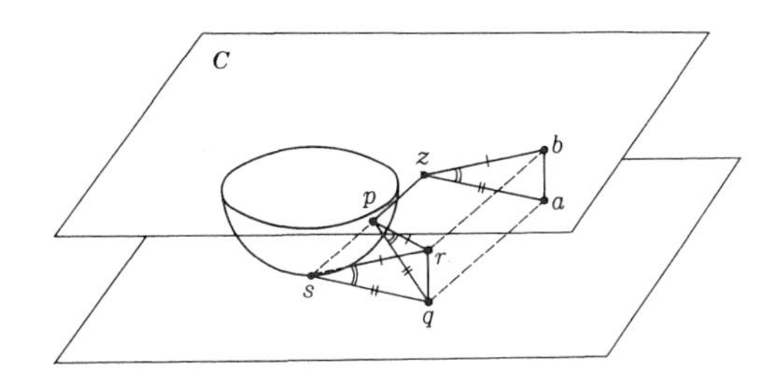

図B-3

$$\triangle qsr\equiv\triangle qpr.\ \text{特に}\ \angle qpr=\angle qsr.$$

さて，s 中心の極射影で接線 $\overline{qp}, \overline{rp}$ が，(x, y)-平面上の直線 $\overline{az}, \overline{bz}$ にうつったとすれば，$\overline{az}$ は，$\triangle qsp$ ののっている平面上にあり，$\overline{bz}$ は，$\triangle rsp$ ののっている平面上にある．従って $\overline{qs}$ と $\overline{az}$，$\overline{rs}$ と $\overline{bz}$ は平行故，

$$\angle qsr=\angle azb.$$

上と合わせると

$$\angle qpr=\angle azb.$$

これが求めるべき等角性である．

問 7．写像 $f: z \longmapsto w = 1/z$ を複素球面 $\hat{C}$ からそれ自身への写像と考えると，（問 5 より）

$$A: (X, Y, t) \longmapsto (X, -Y, -t)$$

となり，これは，-1 と 1 を結ぶ直線を軸とする $180°$ の回転に他ならない．（図 B-4）

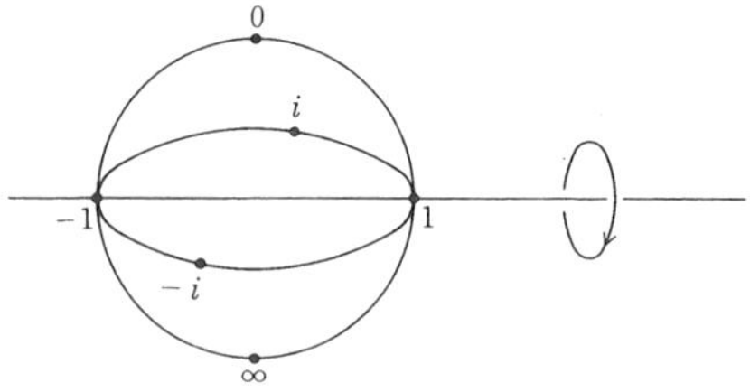

図 B-4

問 8．平面の方程式を

$$aX + bY + ct + d = 0, \quad (a, b, c, d \text{ は定数})$$

とし，平面と球面

$$X^2 + Y^2 + t^2 = 1$$

との交わりである円 C を考える．問 5 により，射影 μ による円 C の像は

$$a\frac{2x}{1+x^2+y^2} + b\frac{2y}{1+x^2+y^2} + c\frac{1-x^2-y^2}{1+x^2+y^2} + d = 0,$$

すなわち

$$2ax + 2by + c(1-x^2-y^2) + d(1+x^2+y^2) = 0$$

をみたす．これは円（または直線）の方程式である．故に，μ は円を円にうつす．

2．

問 1．p を点とすると，

$$\{(\varphi\circ\psi)\circ\eta\}(p) = (\varphi\circ\psi)(\eta(p)) = \varphi(\psi(\eta(p))),$$
$$\{\varphi\circ(\psi\circ\eta)\}(p) = \varphi((\psi\circ\eta)(p)) = \varphi(\psi(\eta(p))).$$

故に

$$(\varphi\circ\psi)\circ\eta = \varphi\circ(\psi\circ\eta).$$

問 2．e と e' が G の全ての元 a に対し，

$$ae = ea = a \qquad \cdots(1), \quad ae' = e'a = a \qquad \cdots(2)$$

をみたすとする．(1)で $a = e'$ とおくと，$e'e = ee' = e'$．(2)で $a = e$ とおくと，$ee' = e'e = e$．故に $e = e'$．

次に，G の元 a に対し，b と c が

$$ab = ba = e \qquad \cdots(3), \quad ac = ca = e \qquad \cdots(4)$$

をみたすとする．$ab = e$ の左から c をかけると

$$c(ab) = ce = c$$

左辺は $(ca)b$ に等しく，それは(4)より $eb = b$ に等しい．故に $b = c$．

問3．例えば

$$\varphi(z)=\frac{1}{z},\quad \psi(z)=z+1$$

とすると

$$(\varphi\circ\psi)(z)=\varphi(z+1)=\frac{1}{z+1},$$

$$(\psi\circ\varphi)(z)=\psi\left(\frac{1}{z}\right)=\frac{1}{z}+1=\frac{z+1}{z}$$

となり $\varphi\circ\psi\neq\psi\circ\varphi$.

問4．$A=\begin{pmatrix}\alpha & \beta\\ \gamma & \delta\end{pmatrix}$

を $SU(2)$ の元とする．

$$\begin{pmatrix}1 & 0\\ 0 & 1\end{pmatrix}=E=A\overline{{}^tA}=\begin{pmatrix}\alpha & \beta\\ \gamma & \delta\end{pmatrix}\begin{pmatrix}\bar\alpha & \bar\gamma\\ \bar\beta & \bar\delta\end{pmatrix}=\begin{pmatrix}|\alpha|^2+|\beta|^2 & \alpha\bar\gamma+\beta\bar\delta\\ \gamma\bar\alpha+\delta\bar\beta & |\gamma|^2+|\delta|^2\end{pmatrix}.$$

故に

$$|\alpha|^2+|\beta|^2=1,\quad |\gamma|^2+|\delta|^2=1 \qquad \cdots(1)$$

$$\gamma\bar\alpha+\delta\bar\beta=0 \qquad \cdots(2)$$

一方，A の行列式が 1 故

$$-\gamma\beta+\delta\alpha=1 \qquad \cdots(3)$$

(2)，(3)より，γ と δ を求めると

$$\gamma=-\bar\beta,\quad \delta=\bar\alpha$$

故に

$$A=\begin{pmatrix}\alpha & \beta\\ -\bar\beta & \bar\alpha\end{pmatrix},\quad (|\alpha|^2+|\beta|^2=1).$$

問5．問 4 と同様に $SO(2)$ の元は

$$\begin{pmatrix}a & b\\ -b & a\end{pmatrix},\quad (a,\ b \text{ は実数で } a^2+b^2=1)$$

と書ける事がわかる．$a=\cos(-\theta)=\cos\theta$，$b=\sin(-\theta)=-\sin\theta$ とおけばよい．

問6．$(X,\ Y)$ を複素ベクトル X と Y の，エルミート内積とする．ユニタリー行列 A は，エルミート内積を保つ行列：

$$(AX,AY)=(X,\ Y)$$

としても特徴づけられる．λ をユニタリー行列 A の固有値，$X(\neq 0)$ をその固有ベクトルとすると，

$$|\lambda|^2(X,X)=\lambda\bar\lambda(X,X)=(\lambda X,\lambda X)=(AX,AX)=(X,X)$$

となるので，

$$|\lambda|=1$$

となる．

さて，A が $SO(3)$ にぞくするなら，$SO(3)\subset SU(3)\subset U(3)$ なので，A の固有値 α, β, γ は全て絶対値が 1 である．さらに，固有方程式 $\det(\lambda E-A)=0$ は，実係数 3 次方程式なので，α, β, γ のうち，例えば，α が実数で，β, γ は共役複素数：$\gamma=\overline{\beta}$，となる．$|\alpha|=1$ 故，$\alpha=\pm 1$．ところが $1=\det A=\alpha\beta\gamma=\alpha|\beta|^2$ 故，$\alpha=1$ となる．固有値 $\alpha=1$ の固有ベクトル（実ベクトル）で長さが 1 となるものをとり，X とする．実ベクトル Y, Z を $\{X, Y, Z\}$ が正規直交系となるようにとる．この基底に関し，A を表現すると

$$A=\begin{pmatrix}1 & 0 & 0\\ 0 & \cos\theta & -\sin\theta\\ 0 & \sin\theta & \cos\theta\end{pmatrix}$$

とかける．すなわち A は，X を軸とする角 θ の回転である．

問 7．$f(b^{-1}ab)=f(b)^{-1}f(a)f(b)=f(b)^{-1}f(b)=e'$．

問 8．全射はあきらかである．

$$z=\frac{\alpha z+\beta}{\gamma z+\delta}\qquad(\alpha\delta\neq\beta\gamma)$$

が変数 z に対し恒等的に成立したとする．分母を払い

$$\gamma z^2+\delta z=\alpha z+\beta.$$

すなわち

$$\beta=0,\quad \gamma=0,\quad \alpha=\delta(\neq 0).$$

問 9．$\sigma_1, \cdots, \sigma_m$ を偶置換の全体とする．

$$\tau=\begin{pmatrix}1 & 2 & 3 & \cdots & n\\ 2 & 1 & 3 & \cdots & n\end{pmatrix}$$

は，あきらかに奇置換で

$$\tau\sigma_1, \cdots, \tau\sigma_m$$

は互いに異なる奇置換である．（$\tau\sigma_j=\tau\sigma_k$ ならば $\sigma_j=\sigma_k$.）故に，奇置換の数は偶置換の数以上である．同様の議論で逆も言え，両者は同数となり，それは $n!/2$ である．次に，偶置換の積は偶置換であり，逆元も偶置換故，偶置換の全体 A_n は，S_n の部分群である．また，σ を偶置換，τ を奇置換とすると，$\tau^{-1}\sigma\tau$ は偶置換故，A_n は S_n の正規部分群である．

3．

問 1．α, β, γ を互いに異なる複素数，α', β', γ' を互いに異なる複素数とする．一次分数変換（唯一にきまる）

$$\varphi(z)=\frac{\gamma(\alpha-\beta)z+\alpha(\beta-\gamma)}{(\alpha-\beta)z+(\beta-\gamma)},$$

$$\psi(z)=\frac{\gamma'(\alpha'-\beta')z+\alpha'(\beta'-\gamma')}{(\alpha'-\beta')z+(\beta'-\gamma')}$$

は，$0, 1, \infty$ を，それぞれ，α, β, γ 及び α', β', γ' にうつす．故に $\psi\circ\varphi^{-1}$ は，α, β, γ をそれぞれ α', β', γ' にうつす．唯一性は φ, ψ の唯一性からわかる．

α, β, γ（または α', β', γ'）の中に ∞ がある時も，上のような φ, ψ が作れる．

問 2．(1)から y を消去すると

$$y^2=x^2-u=\frac{v^2}{4x^2}$$

すなわち，$x^2=t$ とおくと

$$4t^2-4ut-v^2=0.$$

この方程式を解いて

$$t=x^2=\frac{u\pm\sqrt{u^2+v^2}}{2}$$

$x^2\geqq 0$ 故

$$x^2=\frac{u+\sqrt{u^2+v^2}}{2}$$

故に

$$\begin{cases} x=\pm\sqrt{\dfrac{u+\sqrt{u^2+v^2}}{2}} \\ y=\pm\sqrt{\dfrac{-u+\sqrt{u^2+v^2}}{2}} \end{cases}$$

ただし，$v\geqq 0$ の時は符号同順，$v<0$ の時は符号異順とする．

問 3．$\dfrac{10z^2+8z}{z^2-1}=\lambda$

の分母を払って移項すると

$$(10-\lambda)z^2+8z+\lambda=0.$$

この方程式の判別式は

$$D=16-\lambda(10-\lambda)=(\lambda-8)(\lambda+2)$$

問 4．(イ)$z=0, 4/5, \infty$ が分岐点で，分岐指数は，それぞれ，$4, 2, 3$ である．分岐分布図は，図B-5の如し．

(ロ)　$z=0, \infty, \pm 1, \pm i$ が分岐点で，分岐指数は全て 2 である．分岐分布図は，図B-6の如し．

問 5．P，Q を互いに素な多項式とし，$f=P/Q$ とする．今，$\deg P=\deg Q=n$

とする．($\deg P \neq \deg Q$ の場合は，少しややこしくなるが，同様の議論で出来る．)

$$P = a_0 z^n + a_1 z^{n-1} + \cdots + a_n, \quad (a_0 \neq 0),$$

$$Q = b_0 z^n + b_1 z^{n-1} + \cdots + b_n, \quad (b_0 \neq 0)$$

とおく．

$$f' = \frac{P'Q - PQ'}{Q^2} = \frac{(a_0 b_1 - a_1 b_0) z^{2n-2} + \cdots}{b_0^2 z^{2n} + \cdots + b_n^2}.$$

$a_0 b_1 \neq a_1 b_0$ の時は，f' の分子 R が $2n-2$ 次多項式である．方程式 $R=0$ の根(及び，その重複度)が f の分岐点（及び，分岐指数から 1 をひいたもの）であるので，この場合，リーマン-フルヴィッツの公式が成り立つ．

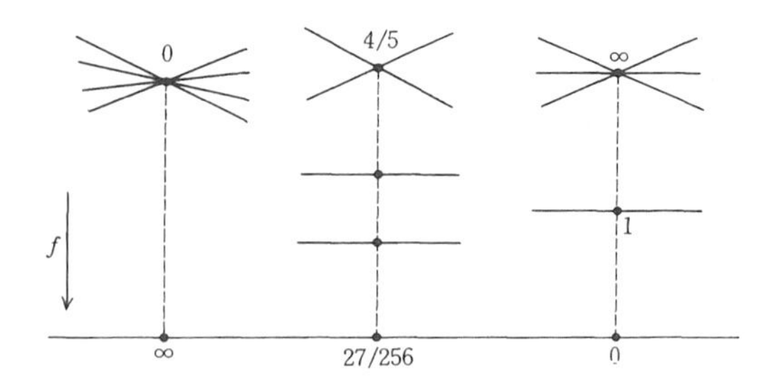

図B-5

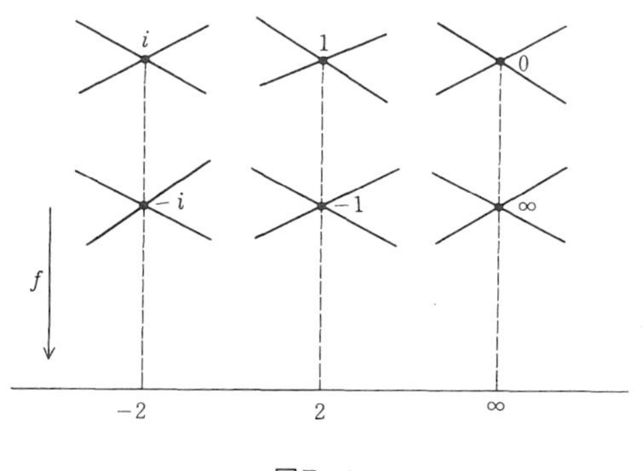

図B-6

$a_0 b_1 = a_1 b_0$ であって，f' の分子 R が $k(<2n-2)$ 次多項式の時は，$z=1/t$ とおけばわかるように，$z=\infty$ が，分岐指数 $(2n-2)k+1$ の分岐点である．従って，この場合も公式が成り立つ．

問6．φ と ψ が G_f の元ならば，

$$f\circ(\varphi\circ\psi) = (f\circ\varphi)\circ\psi = f\circ\psi = f,$$

$$f = f\circ(\varphi\circ\varphi^{-1}) = (f\circ\varphi)\circ\varphi^{-1} = f\circ\varphi^{-1}$$

故，$\varphi\circ\psi$ も φ^{-1} も G_f の元となる．故に G_f は $\mathrm{Aut}(\hat{C})$ の部分群である．

4．

問1．$A \longmapsto 1$（恒等写像）とする．

$$\frac{\alpha_1 Z_1 + \alpha_2 Z_2 + \alpha_3 Z_3}{\gamma_1 Z_1 + \gamma_2 Z_2 + \gamma_3 Z_3} = \frac{Z_1}{Z_3}$$

の分母を払うと

$$\alpha_1 Z_1 Z_3 + \alpha_2 Z_2 Z_3 + \alpha_3 Z_3^2 = \gamma_1 Z_1^2 + \gamma_2 Z_1 Z_2 + \gamma_3 Z_1 Z_3$$

この式は，変数 Z_1, Z_2, Z_3 に関し恒等式故

$$\alpha_1 = \gamma_3,\ \alpha_2 = \alpha_3 = \gamma_1 = \gamma_2 = 0.$$

同様に

$$\frac{\beta_1 Z_1 + \beta_2 Z_2 + \beta_3 Z_3}{\gamma_1 Z_1 + \gamma_2 Z_2 + \gamma_3 Z_3} = \frac{Z_2}{Z_3}$$

の方から

$$\beta_2 = \gamma_3,\ \beta_1 = \beta_3 = \gamma_1 = \gamma_2 = 0.$$

これらより

$$A = \begin{pmatrix} \gamma_3 & 0 & 0 \\ 0 & \gamma_3 & 0 \\ 0 & 0 & \gamma_3 \end{pmatrix} \qquad (\gamma_3 \neq 0)$$

逆に，この形の行列 A は，$A \longmapsto 1$（恒等写像）である事は，あきらかである．

問 2．

$$A = \begin{pmatrix} a_{11} & a_{12} & \cdots & a_{1n+1} \\ a_{21} & a_{22} & \cdots & a_{2n+1} \\ \cdots & \cdots & \cdots & \cdots \\ a_{n+11} & a_{n+12} & \cdots & a_{n+1\,n+1} \end{pmatrix}$$

を $(n+1)$ 次正則行列とすると，A に対応する $\boldsymbol{P}^n$ の射影変換は，次で与えられる．

$\varphi : (Z_1 : \cdots : Z_{n+1})$

$$\longmapsto (a_{11} Z_1 + a_{12} Z_2 + \cdots a_{n+1} Z_n : \cdots : a_{n+11} Z_1 + a_{n+12} Z_2 + \cdots + a_{n+1\,n+1} Z_{n+1})$$

問 3．$\alpha_1 Z_1 + \alpha_2 Z_2 + \alpha_3 Z_3 = 0$ ならば，λ をゼロでない複素数とすると

$$\alpha_0(\lambda Z_0) + \alpha_1(\lambda Z_1) + \alpha_2(\lambda Z_2) = \lambda(\alpha_0 Z_0 + \alpha_1 Z_1 + \alpha_2 Z_2) = 0$$

となるからである．

問 4．一次方程式

$$\alpha_1 Z_1 + \alpha_2 Z_2 + \alpha_3 Z_3 = 0 \qquad \cdots(1)$$

の解全体 V_α は，2 次元複素ベクトル空間をなす．

$$\beta_1 Z_1 + \beta_2 Z_2 + \beta_3 Z_3 = 0 \qquad \cdots(2)$$

の解全体 V_β も同様である．(1)（または(2)）で決まる $\boldsymbol{P}^2$ 上の直線を L_α（または L_β）とすると，これは V_α（または V_β）からゼロベクトルを除いた残りのベクトルの比 $(Z_1 : Z_2 : Z_3)$ の全体である．故に $L_\alpha = L_\beta$ と $V_\alpha = V_\beta$ とは，同値である．ところが，$V_\alpha = V_\beta$ と，行列

$$\begin{pmatrix} \alpha_1 & \alpha_2 & \alpha_3 \\ \beta_1 & \beta_2 & \beta_3 \end{pmatrix}$$

の位が1である事は，同値である．

問5．(イ) 命題4．2の証明 $p=(\alpha_1:\alpha_2:\alpha_3), q=(\beta_1:\beta_2:\beta_3)$ をとおる直線 $\overline{pq}$ の方程式は，

$$\begin{vmatrix} Z_1 & Z_2 & Z_3 \\ \alpha_1 & \alpha_2 & \alpha_3 \\ \beta_1 & \beta_2 & \beta_3 \end{vmatrix}=0$$

すなわち，（第1行に関して展開して）

$$\begin{vmatrix} \alpha_2 & \alpha_3 \\ \beta_2 & \beta_3 \end{vmatrix} Z_1 - \begin{vmatrix} \alpha_1 & \alpha_3 \\ \beta_1 & \beta_3 \end{vmatrix} Z_2 + \begin{vmatrix} \alpha_1 & \alpha_2 \\ \beta_1 & \beta_2 \end{vmatrix} Z_3 = 0$$

であらわされる．

(ロ) **命題4．3の証明** $L:\alpha_1 Z_1+\alpha_2 Z_2+\alpha_3 Z_3=0$ を $L_\infty : Z_3=0$ にうつす射影変換として

$$\psi:(Z_1:Z_2:Z_3)\longmapsto\begin{cases}(Z_1:Z_2:\alpha_1 Z_1+\alpha_2 Z_2+\alpha_3 Z_3) & (\alpha_3\neq 0)\\ (Z_3:Z_2:\alpha_1 Z_1+\alpha_2 Z_2) & (\alpha_3=0,\ \alpha_1\neq 0)\\ (Z_1:Z_3:\alpha_2 Z_2) & (\alpha_3=\alpha_1=0,\ \alpha_2\neq 0)\end{cases}$$

がある．L_∞ は複素球面 $\hat{\boldsymbol{C}}$ と同一視出来る故，L_∞ の与えられた異なる3点を，与えられた異なる3点にうつす，L_∞ 内の射影変換

$$(Z_1:Z_2:0)\longmapsto(aZ_1+bZ_2:cZ_1+dZ_2:0),\ (ad\neq bc)$$

がある．今，$\boldsymbol{P}^2$ の射影変換

$$\eta:(Z_1:Z_2:Z_3)\longmapsto(aZ_1+bZ_2:cZ_1+dZ_2:Z_3)$$

を考え，合成 $\eta\circ\psi$ を考えると，これは，L の与えられた異なる3点を，L_∞ の与えられた異なる3点にうつす $\boldsymbol{P}^2$ の射影変換である．同様の事が L' と L_∞ についても言え，従って L と L' についても言える．

問6． デザルグの定理の代数的証明を与える．（パップスの定理の方は，読者自ら試みられたい．）

$$\overline{p_1p_2}:F=0,\ \ \overline{p_2p_3}:G=0,\ \ \overline{p_3p_1}:H=0$$
$$\overline{q_1q_2}:\hat{F}=0,\ \ \overline{q_2q_3}:\hat{G}=0,\ \ \overline{q_3q_1}:\hat{H}=0$$

とする．ここに，$F, G, H, \hat{F}, \hat{G}, \hat{H}$ は，変数 Z_1, Z_2, Z_3 の斉次一次式である．

$\overline{p_1q_1}$ は，p_1 をとおる故，（補足4より）

$$\overline{p_1q_1}:F-kH=0,\ (k\ \text{はゼロでない定数})$$

と書ける．H を kH でとりかえる事により

$$\overline{p_1q_1}:F-H=0$$

と書ける．一方，この直線は q_1 もとおるので，同じ理由

$$\overline{p_1q_1} : \hat{F}-\hat{H}=0$$

とも書ける．故に，斉次一次式 $\hat{F}-\hat{H}$ は，$F-H$ の定数倍である：

$$\hat{F}-\hat{H}=a(F-H),\ (a\ \text{はゼロでない定数}) \qquad \cdots(1)$$

同様に

$$\overline{p_2q_2} : F-G=0,\quad \overline{p_2q_2} : \hat{F}-\hat{G}=0$$

と書け，$\hat{F}-\hat{G}$ は，$F-G$ の定数倍である：

$$\hat{F}-\hat{G}=b(F-G),\ (b\ \text{はゼロでない定数}) \qquad \cdots(2)$$

さて，直線

$$H-G=0$$

は，あきらかに p_3 をとおり，また

$$H-G=(F-G)-(F-H)$$

故，$\overline{p_1q_1}$ と $\overline{p_2q_2}$ の交点である p_0 をとおる．すなわち，この直線は $\overline{p_3q_3}$ である：

$$\overline{p_3q_3} : H-G=0.$$

全く同じ理由で

$$\overline{p_3q_3} : \hat{H}-\hat{G}=0$$

従って

$$\hat{H}-\hat{G}=c(H-G),\ (c\ \text{はゼロでない定数}) \qquad \cdots(3)$$

と書ける．

(2)から(1)を引くと

$$\hat{H}-\hat{G}=(b-a)F+(aH-bG)$$

(3)より

$$(b-a)F+(a-c)H+(c-b)G=0$$

これは恒等式であるが，直線 $\overline{p_1p_2}, \overline{p_2p_3}, \overline{p_3p_1}$ が共点でないので

$$a=b=c$$

となる．再び(1)，(2)，(3)より

$$\hat{F}-aF=\hat{G}-aG=\hat{H}-aH$$

を得る．さて，直線

$$L : \hat{F}-aF=0,\ (L : \hat{G}-aG=0,\ \ L : \hat{H}-aH=0)$$

は r_1, r_2, r_3 をとおる．すなわち，r_1, r_2, r_3 は共線である．

問７．デザルグの定理の双対定理　直線 L_1, L_2, L_3 及び直線 M_1, M_2, M_3 において，L_j と M_j の交点を $p_j (j=1, 2, 3)$ とする．今，p_1, p_2, p_3 が共線であるとする．この時 L_1 と L_2 の交点を q_1 等とし，M_1 と M_2 の交点を r_1 等とすると，３直線 $\overline{q_1r_1}$, $\overline{q_2r_2}, \overline{q_3r_3}$ は共点である．（図Ｂ-７）

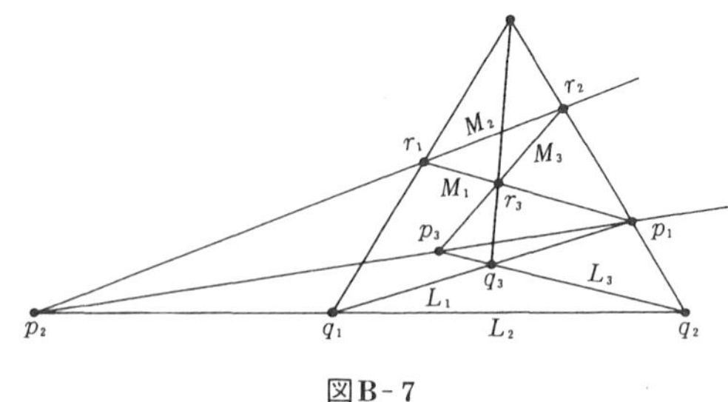

図B-7

これは，デザルグの定理の逆定理に他ならない．これも問6のような代数的方法や，補足5の幾何学方法で証明出来る．ところが，図B-7を横倒しにしてながめると，逆定理と，デザルグの定理とは，同じ内容である事がわかる．すなわち，デザルグの定理は，**自己双対定理**である．

パップスの定理の双対定理　共点である3直線 L_1, L_2, L_3 と，共点である3直線 M_1, M_2, M_3 において，L_j と M_k の交点を p_{jk} とすると，3直線 $\overline{p_{12}p_{21}}$, $\overline{p_{23}p_{32}}$, $\overline{p_{31}p_{13}}$ は共点である．(図B-8)

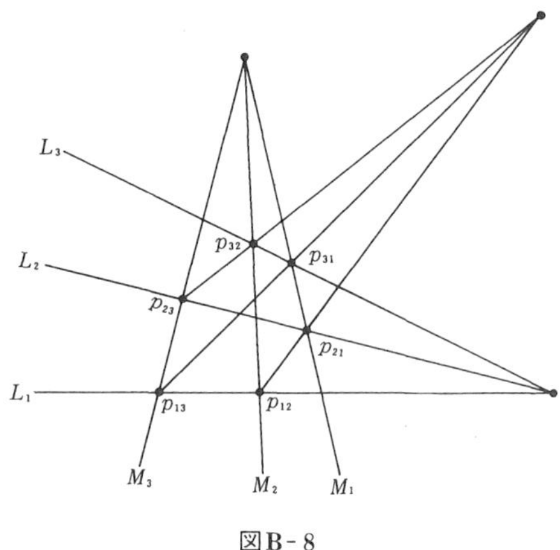

図B-8

この定理も，実はパップスの定理と同じ内容で，パップスの定理も，自己双対定理である．

5．

問1．$p_j=(a_{j1}:a_{j2}:a_{j3})$, $(1\leq j\leq 4)$ とおく．$r_1=(1:0:0)$, $r_2=(0:1:0)$, $r_3=(0:0:1)$, $r_4=(1:1:1)$ を，それぞれ，p_1, p_2, p_3, p_4 にうつす $\boldsymbol{P}^2$ の射影変換 φ が唯一存在する事を示せば十分である．列ベクトル

$$X_1=\begin{pmatrix}a_{11}\\a_{12}\\a_{13}\end{pmatrix}, X_2=\begin{pmatrix}a_{21}\\a_{22}\\a_{23}\end{pmatrix}, X_3=\begin{pmatrix}a_{31}\\a_{32}\\a_{33}\end{pmatrix}, X_4=\begin{pmatrix}a_{41}\\a_{42}\\a_{43}\end{pmatrix}$$

は，どの3個をとっても一次独立である．従って

$$X_4=b_1X_1+b_2X_2+b_3X_3 \qquad (b_j \text{ はスカラー})$$

と書いた時，b_1, b_2, b_3 のどれもゼロでない．さて，行列

$$A=\begin{pmatrix} b_1 a_{11} & b_2 a_{21} & b_3 a_{31} \\ b_1 a_{12} & b_2 a_{22} & b_3 a_{32} \\ b_1 a_{13} & b_2 a_{23} & b_3 a_{33} \end{pmatrix}$$

は正則行列で，

$$A\begin{pmatrix}1\\0\\0\end{pmatrix}=b_1X_1,\ A\begin{pmatrix}0\\1\\0\end{pmatrix}=b_2X_2,\ A\begin{pmatrix}0\\0\\1\end{pmatrix}=b_3X_3,\ A\begin{pmatrix}1\\1\\1\end{pmatrix}=X_4$$

である．従って射影変換

$$\varphi:(Z_1:Z_2:Z_3)\longmapsto(b_1a_{11}Z_1+b_2a_{21}Z_2+b_3a_{31}Z_3$$
$$:b_1a_{12}Z_1+b_2a_{22}Z_2+b_3a_{32}Z_3:b_1a_{13}Z_1+b_2a_{23}Z_2+b_3a_{33}Z_3)$$

は，$\varphi(r_j)=p_j\quad(j=1,2,3,4)$ をみたす．

φ の唯一性は，次のように示される．今 $\psi(r_j)=p_j\quad(j=1,2,3,4)$ となる他の射影変換 ψ があるとする．(図B-9)

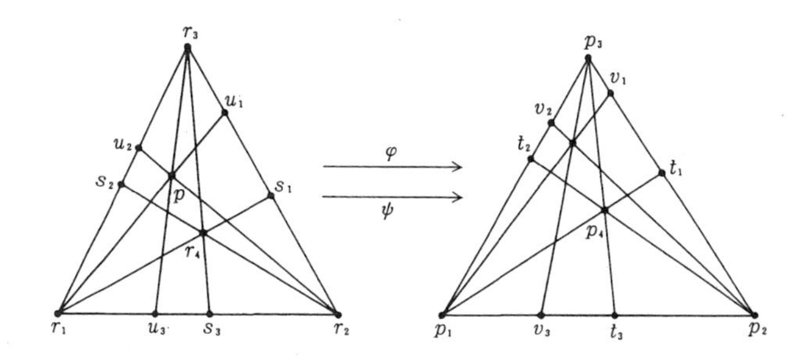

図B-9

φ も ψ も，直線を直線に，また直線の交点を交点にうつす故，図B-9において

$$\varphi(s_1)=\psi(s_1)=t_1,\ \varphi(s_2)=\psi(s_2)=t_2,\ \varphi(s_3)=\psi(s_3)=t_3$$

である．φ も ψ も，直線 $\overline{r_1r_2}$ から $\overline{p_1p_2}$ への射影変換をひきおこし，

$$\varphi(r_1)=\psi(r_1)=p_1,\ \varphi(r_2)=\psi(r_2)=p_2,\ \varphi(s_3)=\psi(s_3)=t_3$$

故，直線 $\overline{r_1r_2}$ から $\overline{p_1p_2}$ への射影変換として $\varphi=\psi$ である．

同様に，$\overline{r_2r_3}$ 上でも，$\overline{r_3r_1}$ 上でも $\varphi=\psi$ である．

さて，これらの直線上にない $\boldsymbol{P}^2$ の点 p をとる．図B-9のように点 u_1, u_2, u_3 をとると

$$\varphi(u_1)=\varphi(u_1)=v_1,\ \varphi(u_2)=\psi(u_2)=v_2,\ \varphi(u_3)=\psi(u_3)=v_3$$

なので，3直線 $\overline{r_1u_1}, \overline{r_2u_2}, \overline{r_3u_3}$ の交点 p の，φ による像も，ψ による像も，3直線

$\overline{p_1v_1}, \overline{p_2v_2}, \overline{p_3v_3}$ の交点と一致する．すなわち $\varphi(p)=\psi(p)$．p は任意故 $\varphi=\psi$．

問 2．

$$A=\begin{pmatrix} a_{11} & a_{12} & a_{13} \\ a_{21} & a_{22} & a_{23} \\ a_{31} & a_{32} & a_{33} \end{pmatrix} \text{及び } Z=\begin{pmatrix} Z_1 \\ Z_2 \\ Z_3 \end{pmatrix}$$

とおけば，F は

$$F={}^tZAZ,\ ({}^tZ \text{ は転置行列})$$

と書ける．行列と二次形式の理論（例えば佐武［23］参照）によれば，対称行列 A に対し，正則行列 B が存在し ${}^tBAB$ が標準型になる．すなわち，rank $A=3,2,1$ に従い，${}^tBAB$ は，それぞれ，次の形となる．

$$\begin{pmatrix} 1 & 0 & 0 \\ 0 & 1 & 0 \\ 0 & 0 & 1 \end{pmatrix},\ \begin{pmatrix} 1 & 0 & 0 \\ 0 & 1 & 0 \\ 0 & 0 & 0 \end{pmatrix},\ \begin{pmatrix} 1 & 0 & 0 \\ 0 & 0 & 0 \\ 0 & 0 & 0 \end{pmatrix}$$

今，(Y_0, Y_1, Y_2) を他の変数とし，

$$Z=BY,\quad Y=\begin{pmatrix} Y_1 \\ Y_2 \\ Y_3 \end{pmatrix}$$

とおけば，

$$F={}^tZAZ={}^t(BY)A(BY)={}^tY({}^tBAB)Y$$

は，rank $A=3,2,1$ に従い，それぞれ

$$Y_1^2+Y_2^2+Y_3^2,\ Y_1^2+Y_2^2=(Y_1+iY_2)(Y_1-iY_2),\ Y_1^2$$

となる．$Y=B^{-1}Z$ を，これらに代入すると，rank $A=2,1$ の時，F が，(Z_1, Z_2, Z_3) の斉次二次式として可約である事がわかる．

逆に，F が可約で

$$F=F_1(Z)F_2(Z)$$

と一次式に分解したとする．F_1, F_2 は，斉次一次式である事がわかる．変数 (Y_1, Y_2, Y_3) で F をあらわすと

$$F=F_1(BY)F_2(BY)$$

と，分解され，上の 3 式中，後の 2 式のいづれかとなる．すなわち，rank $A=2,1$ であらねばならない．

問 3．F を§5 の(2)で与えられた斉次二次式とし，C を $F=0$ で定義された二次曲線とする．

$$p_j=(Z_{j1} : Z_{j2} : Z_{j3}),\ (1\leq j\leq 5)$$

を C 上の点とすれば

$$\alpha_{11}Z_{j1}^2+2\alpha_{12}Z_{j1}Z_{j2}+2\alpha_{13}Z_{j1}Z_{j3}+\alpha_{22}Z_{j2}^2+2\alpha_{23}Z_{j2}Z_{j3}+\alpha_{33}Z_{j3}^2=0$$

がみたされる．

逆に $p_j(1\leq j\leq 5)$ を与えて，これらの式を未知数 $\alpha_{11}, \alpha_{12}, \alpha_{13}, \alpha_{22}, \alpha_{23}, \alpha_{33}$ の連立方程式と考えると，未知数の数が 6，方程式の数が 5 故，解

$$\alpha=(\alpha_{11}, \alpha_{12}, \alpha_{13}, \alpha_{22}, \alpha_{23}, \alpha_{33})$$

の全体（解空間）は，1 次元以上の複素ベクトル空間をなす．ゼロでない解 α をとり，α_{jk} を係数とする§5，(2)の斉次二次式を作り，$C:F=0$ とすると，これが求むべきものである．

次に，(イ)　p_j のうち，4 点 p_1, p_2, p_3, p_4 が一直線上にあるならば，全ての p_j をとおる二次曲線は，直線 $\overline{p_1p_2}$ と，p_5 をとおる直線 L の和集合である．(図 5．5)．L のとり方は，無限にある．

(ロ)　p_j のうち，3 点 p_1, p_2, p_3 のみが一直線上にあれば，全ての p_j をとおる二次曲線 C は，直線 $\overline{p_1p_2}$ と $\overline{p_4p_5}$ の和集合である．(図 5－5)．この場合，C は唯一である．

(ハ)　p_j のどの 3 点も一直線上にないとする．この時，全ての p_j をとおる二次曲線 C は，既約である．(図 5－5)．このような C が唯一である事を示すには，次の命題（これは，§7 のベズーの定理の特別な場合である．）を用いればよい．

命題 B．1　C と C' を異なる既約二次曲線とする時，C と C' の交点は高々 4 個である．

実際，全ての $p_j(1\leqq j\leqq 5)$ を C と C' がとおれば，この命題より $C=C'$ となる．この命題は，次のように証明される．$C:F=0, C':G=0$ とする．

$$\begin{cases}F(Z_1, Z_2, Z_3)=a_0Z_3^2+a_1(Z_1, Z_2)Z_3+a_2(Z_1, Z_2)\\ G(Z_0, Z_1, Z_2)=b_0Z_3^2+b_1(Z_1, Z_2)Z_3+b_2(Z_1, Z_2)\end{cases}$$

とおく．ここに a_0, b_0 は定数，$a_1(Z_1, Z_2), b_1(Z_1, Z_2)$ は変数 Z_1, Z_2 についての斉次一次式，$a_2(Z_1, Z_2), b_2(Z_1, Z_2)$ は斉次二次式とする．

今，座標変換して，点 $(Z_1:Z_2:Z_3)=(0:1:0)$ が，C にも C' にも含まれないと仮定出来る．この事は

$$a_0\neq 0, b_0\neq 0$$

を意味する．

F と G を，上のように，変数 Z_3 の多項式とみた時の終結式

$$R(F,G)=\begin{vmatrix} a_0 & a_1 & a_2 & 0 \\ 0 & a_0 & a_1 & a_2 \\ b_0 & b_1 & b_2 & 0 \\ 0 & b_0 & b_1 & b_2 \end{vmatrix}$$

がゼロである事と，Z_2 に関する連立方程式

$$\begin{cases} F(Z_1, Z_2, Z_3)=0 \\ G(Z_1, Z_2, Z_3)=0 \end{cases} \qquad \cdots(1)$$

が，（共通）根を持つ事が同値である．（佐武［23］参照．）

$R(F, G)$ は，(Z_1, Z_2) に関する斉次四次式なので，方程式 $R(F, G)=0$ の解である比 $(Z_1 : Z_2)$ は，高々 4 個である．各解 $(Z_1 : Z_2)$ に対し，(1)の解 $(Z_1 : Z_2 : Z_3)$ は有限個である．すなわち，C と C' の交点の数は有限である．

再び座標変換して，これらの交点のどの 2 点をむすぶ直線も $(0:1:0)$ をとおらないと仮定してよい．

この時，$R(F, G)=0$ の解 $(Z_1 : Z_2)$ に対し，(1)の解 $(Z_1 : Z_2 : Z_3)$ は唯一定まる．すなわち，C と C' の交点は，高々 4 個である．

問 4．(イ)　$\sum\alpha_{jk}\beta_j\beta_k=0$ 故，直線 $L : \sum\alpha_{jk}\beta_j Z_k=0$ は，点 $p=(\beta_1 : \beta_2 : \beta_3)$ をとおる．L が C の接線である事を示すには，p 以外に，L と C の交点がない事を言えばよい．今，$q=(\gamma_1 : \gamma_2 : \gamma_3)$ が他の交点とする．この時

$$\sum \alpha_{jk}\beta_j\gamma_k=0, \sum \alpha_{jk}\gamma_j\gamma_k=0$$

である．今，直線

$$L' : \sum \alpha_{jk}\gamma_j Z_k=0$$

を考えると，$(\alpha_{jk}=\alpha_{kj}$ 故)

$$\sum \alpha_{jk}\gamma_j\beta_k=\sum \alpha_{jk}\beta_j\gamma_k=0$$

であり，また

$$\sum \alpha_{jk}\gamma_j\gamma_k=0$$

故，L' は p, q をとおる．すなわち

$$L'=\overline{pq}=L.$$

故に，ゼロでない数 λ があって

$$\sum_{j=1}^{3} \alpha_{jk}\gamma_j=\lambda \sum_{j=1}^{3} \alpha_{jk}\beta_j \qquad (k=1,2,3).$$

この式は，(3×3) 一行列 $A=(\alpha_{jk})$ を用いて，

$$(\gamma_1, \gamma_2, \gamma_3)A=\lambda(\beta_1, \beta_2, \beta_3)A$$

と書ける．問 2 より，A は正則行列故

$$(\gamma_1, \gamma_2, \gamma_3)=\lambda(\beta_1, \beta_2, \beta_3).$$

故に

$$q=(\gamma_1:\gamma_2:\gamma_3)=(\beta_1:\beta_2:\beta_3)=p$$

となって矛盾である．

(ロ)　C 外の点 $p=(\beta_1:\beta_2:\beta_3)$ に対し，今，直線

$$L:\sum\alpha_{jk}\beta_jZ_k=0 \qquad \cdots(1)$$

を考える．p が C 上にないので，p は L 上にもない．

C と L の交点をひとつとり $q=(\gamma_1:\gamma_2:\gamma_3)$ とすると

$$\begin{cases}\sum\alpha_{jk}\beta_j\gamma_k=0 & \cdots(2)\\ \sum\alpha_{jk}\gamma_j\gamma_k=0 & \cdots(3)\end{cases}$$

このうち，(2)は

$$\sum\alpha_{jk}\gamma_j\beta_k=0 \qquad \cdots(2)'$$

とも書ける．ところが(イ)より，直線

$$M:\sum\alpha_{jk}\gamma_jZ_k=0 \qquad \cdots(4)$$

が，q での C への接線である．(2)′ は，p がこの接線 M 上にある事を示している．

逆に，C 上の点 $q=(\gamma_1:\gamma_2:\gamma_3)$ での C への接線 M が p をとおれば，(2)′，従って(2)がみたされ，q は L 上の点である．

L と C の交点が q 唯一とすると，L は q での C への接線となり $L=M$ となる．(1)と(4)が同じ直線となるので，ゼロでない数 λ があって

$$\sum_{j=1}^{3}\alpha_{jk}\beta_j=\lambda\sum_{j=1}^{3}\alpha_{jk}\gamma_j,\quad (k=1,2,3)$$

となり，(イ)と同様の議論で $p=q$ が得られ，p が C の点となって矛盾である．

故に，L と C の交点は，2点あり，これらを q, q' とすると，それぞれでの C への接線 M，M' は，p をとおる．(図B-10)

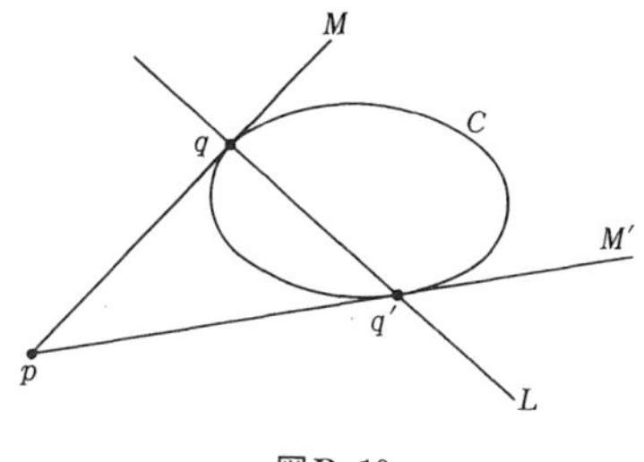

図B-10

問5．$p=(\beta_1:\beta_2:\beta_3)$，$q=(\gamma_1:\gamma_2:\gamma_3)$ とおく．p, q の（C に関する）極線の方程式は，それぞれ

$$L:\sum\alpha_{jk}\beta_jZ_k=0,$$

$$M:\sum\alpha_{jk}\gamma_jZ_k=0$$

である．q が L 上にあるので

$$\sum\alpha_{jk}\beta_j\gamma_k=0.$$

これは（$\alpha_{jk}=\alpha_{kj}$ より）

$$\sum \alpha_{jk}\gamma_j\beta_k=0$$

とも書け，p が M 上にある事がわかる．

6．

問 1．$H(Z_1, Z_2, Z_3)=0$ ならば，ゼロでない数 λ に対して，$H(\lambda Z_1, \lambda Z_2, \lambda Z_3)=\lambda^n H(Z_1, Z_2, Z_3)=0$.

問 2．斉次 n 次式は，単項式

$$F=Z_1^a Z_2^b Z_3^c,\ (a+b+c=n)$$

の一次結合故，各単項式 F について，示せばよい．

$$\frac{\partial F}{\partial Z_1}=aZ_1^{a-1}Z_2^b Z_3^c$$

故，これは $(n-1)$ 次単項式である．Z_2，Z_3 についての偏微分も同様である．

問 3．問 2 と同様に，各単項式

$$F=Z_1^a Z_2^b Z_3^c \qquad (a+b+c=n)$$

について(イ)，(ロ)を示せば十分である．

(イ)

$$Z_1\frac{\partial F}{\partial Z_1}+Z_2\frac{\partial F}{\partial Z_2}+Z_3\frac{\partial F}{\partial Z_3}=Z_1(aZ_1^{a-1}Z_2^b Z_3^c)+Z_2(bZ_1^a Z_2^{b-1}Z_3^c)+Z_3(cZ_1^a Z_2^b Z_3^{c-1})$$

$$=aF+bF+cF=nF$$

(ロ)

$$Z_1Z_1\frac{\partial^2 F}{\partial Z_1^2}=Z_1Z_1a(a-1)Z_1^{a-2}Z_2^b Z_3^c=a(a-1)F,$$

$$Z_1Z_2\frac{\partial^2 F}{\partial Z_1\partial Z_2}=Z_1Z_2abZ_1^{a-1}Z_2^{b-1}Z_3^c=abF,$$ 等を加え合わせると

$$\sum_{j,k=1}^{3}Z_jZ_k\frac{\partial^2 F}{\partial Z_j\partial Z_k}=\{a(a-1)+b(b-1)+c(c-1)+2ab+2bc+2ca\}F$$

$$=(a+b+c)(a+b+c-1)F=n(n-1)F.$$

問 4．$C：F=0$ の既約成分 $C_1：F_1=0$ が重複成分ならば，

$$F=F_1^2G,\ (G \text{ は斉次多項式})$$

と書ける．$p=(\beta_1：\beta_2：\beta_3)$ が C_1 上の点ならば，$\beta=(\beta_1, \beta_2, \beta_3)$ に対し

$$\frac{\partial F}{\partial Z_1}(\beta)=2F_1(\beta)\frac{\partial F_1}{\partial Z_1}(\beta)G(\beta)+F_1(\beta)^2\frac{\partial G}{\partial Z_1}(\beta)=0.$$

同様に

$$\frac{\partial F}{\partial Z_2}(\beta)=0,\ \frac{\partial F}{\partial Z_3}(\beta)=0$$

となるので，p は C の特異点である．

次に，$C_1 : F_1=0$ と，$C_2 : F_2=0$ を，$C : F=0$ の異なる既約成分とすれば，

$$F=F_1F_2G, \text{（}G\text{ は斉次多項式）}$$

と書ける．$p=(\beta_1 : \beta_2 : \beta_3)$ が C_1 と C_2 の交点ならば，$\beta=(\beta_1, \beta_2, \beta_3)$ に対し

$$\frac{\partial F}{\partial Z_1}(\beta)=\frac{\partial F_1}{\partial Z_1}(\beta)F_2(\beta)G(\beta)+F_1(\beta)\frac{\partial F_2}{\partial Z_1}(\beta)G(\beta)+F_1(\beta)F_2(\beta)\frac{\partial G}{\partial Z_1}(\beta)=0.$$

同様に

$$\frac{\partial F}{\partial Z_2}(\beta)=0, \quad \frac{\partial F}{\partial Z_3}(\beta)=0$$

となるので，p は C の特異点である．

7．

問1．(1)において，$x=Z_1/Z_3$，$y=Z_2/Z_3$ とおいて代入し，分母を払うと，

$$C : Z_1^2+Z_2^2-4Z_3^2=0 \qquad \cdots(イ)$$

$$D : Z_1Z_2-Z_3^2=0 \qquad \cdots(ロ)$$

となる．C と，無限遠直線 $L_\infty : Z_3=0$ の交点は，((イ)で $Z_3=0$ とおいて)

$$(Z_1 : Z_2 : Z_3)=(1 : \sqrt{-1} : 0), \ (1 : -\sqrt{-1} : 0)$$

である．同様に，D と L_∞ の交点は

$$(Z_1 : Z_2 : Z_3)=(1 : 0 : 0), \ (0 : 1 : 0)$$

である．故に，C と D は，L_∞ 上では，交点を持たない．

(2)についても同様である．

問2．

$$f(x, y)=f_0+f_1+\cdots+f_n$$

($f_j=f_j(x, y)$ は，x，y の斉次 j 次式) と書いた時，$p=(0, 0)$ が C 上の点故，$f_0=0$ である：

$$f(x, y)=f_1+f_2+\cdots+f_n$$

今，$f_1=0$（恒等的）と，p が C の特異点である事が同値である事を示す．$f_1=0$（恒等的）と

$$\frac{\partial f}{\partial x}(0, 0)=0, \quad \frac{\partial f}{\partial y}(0, 0)=0$$

とは，あきらかに同値である．

$$f(x, y)=F(x, y, 1), \ (x=Z_1/Z_3, \ y=Z_2/Z_3)$$

故，

$$\frac{\partial f}{\partial x}(0, 0)=\frac{\partial F}{\partial Z_1}(0, 0, 1), \quad \frac{\partial f}{\partial y}(0, 0)=\frac{\partial F}{\partial Z_2}(0, 0, 1)$$

である．ところが，オイラーの等式の(イ)より，

$$\frac{\partial F}{\partial Z_1}(0,0,1),\ \frac{\partial F}{\partial Z_2}(0,0,1)\ \text{及び}\ F(0,0,1)=f(0,0)$$

が全てゼロになる事と，

$$\frac{\partial F}{\partial Z_1}(0,0,1),\ \frac{\partial F}{\partial Z_2}(0,0,1)\ \text{及び}\ \frac{\partial F}{\partial Z_3}(0,0,1)$$

が全てゼロになる事とは，同値である．

問3．C^* を非特異三次曲線 C の双対曲線とする．(図 7-13) C^* は，9 個の単純カスプを持つ既約 6 次曲線である．

定理 7.8*　p, q を C^* のカスプとし，L_p, L_q をそれぞれ，p, q での C^* への接線とする．この時，p, q 以外のカスプ r が C^* にあって，r での C^* への接線 L_r と，L_p と L_q は共点である．(図B-11)

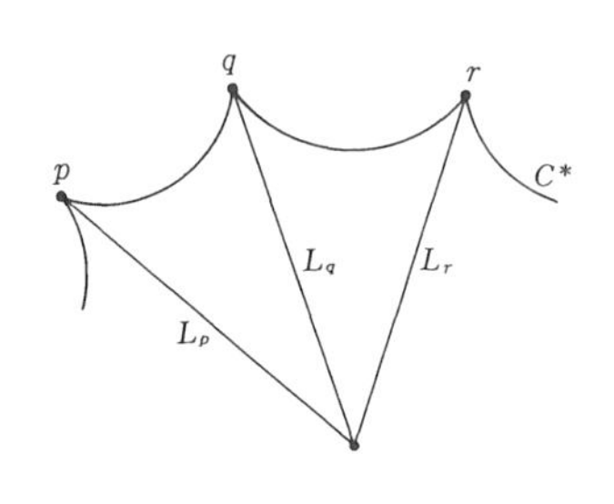

図B-11

8．

問1．$C_{-2}: 3x^2-4xy+2y^2-1=0$ は，斉次座標 $(Z_1:Z_2:Z_3)$，(ここに，$x=Z_1/Z_3$，$y=Z_2/Z_3$) を用いてあらわすと，

$$C_{-2}: 3Z_1^2-4Z_1Z_2+2Z_2^2-Z_3^2=0$$

故に，行列式

$$\begin{vmatrix} 3 & -2 & 0 \\ -2 & 2 & 0 \\ 0 & 0 & -1 \end{vmatrix}$$

を計算すれば，これはゼロでないので，§5 の問 2 より C_{-2} は既約である．

問2．図 8-2 において，可約な三次曲線

$$\hat{C}=C\cup\overline{ru},\ \hat{D}=D\cup\overline{st},\ \hat{E}=E\cup\overline{tu}$$

を考える．$\overline{ru}$ と $\overline{st}$ の交点を v とする．この時 $\hat{E}$ は，$\hat{C}$ と $\hat{D}$ の交点である 9 点

$$\hat{C}\cap\hat{D}=\{p_1, p_2, p_3, q, r, s, t, v\}$$

のうち，v 以外の 8 点をとおる．従って，オイラーの定理より，$\hat{E}$ は残りの 1 点 v もとおる．v は $\overline{tu}$ 上にはないので，E 上にある．

問3．図 8-3 において，可約な三次曲線

$$\hat{C}=C\cup\overline{st},\ \hat{D}=D\cup\overline{uv},\ \hat{E}=E\cup\overline{qr}$$

を考える．$\overline{st}$ と $\overline{uv}$ の交点を w とおく．後は，問 2 の解答と同様である．

問 4．$t=\varphi(x, y)=x/(1-y)$ の逆写像は，次式で与えられる．

$$\begin{cases} x=\dfrac{2t}{t^2+1} \\ y=\dfrac{t^2-1}{t^2+1} \end{cases}$$

9.

問 3．

$$\begin{cases} x=t^2-1 \\ y=t^3-t \end{cases}$$

なお，この表示の一応用として，曲線 C 上の**有理点**，すなわち，x, y が共に有理数である点 (x, y)，を全て求める事が出来る．これらの式の t に，有理数を代入すればよい．

問 4．

$$g=\frac{(6-1)(6-2)}{2}-9=10-9=1.$$

10.

問 1．z が実数の場合と同様である：

$$S_n=1+z+\cdots+z^n=\frac{1-z^{n+1}}{1-z}$$

$$\left|\frac{1}{1-z}-S_n\right|=\left|\frac{z^{n+1}}{1-z}\right|=\frac{|z|^{n+1}}{|1-z|}\longrightarrow 0 \qquad (n\longrightarrow+\infty).$$

問 2．

$$\begin{aligned} e^{iz}&=1+\frac{1}{1!}(iz)+\frac{1}{2!}(iz)^2+\frac{1}{3!}(iz)^3+\cdots \\ &=\left\{1-\frac{1}{2!}z^2+\frac{1}{4!}z^4-\cdots\right\}+i\left\{z-\frac{1}{3!}z^3+\frac{1}{5!}z^5-\cdots\right\} \\ &=\cos z+i\sin z. \qquad \cdots(1) \end{aligned}$$

この式で，z を $-z$ でおきかえると

$$\begin{aligned} e^{-iz}&=\cos(-z)+i\sin(-z) \\ &=\left\{1-\frac{1}{2!}(-z)^2+\frac{1}{4!}(-z)^4-\cdots\right\} \\ &\quad+i\left\{(-z)-\frac{1}{3!}(-z)^3+\frac{1}{5!}(-z)^5-\cdots\right\} \end{aligned}$$

$$=\cos z-i\sin z \tag{2}$$

(1), (2)の和と差をとる事により

$$\cos z=\frac{e^{iz}+e^{-iz}}{2}, \sin z=\frac{e^{iz}-e^{iz}}{2i}.$$

11.

問1. $(e^z)'=\left(1+\frac{1}{1!}z+\frac{1}{2!}z^2+\cdots\right)'$

$$=0+\frac{1}{1!}+\frac{2}{2!}z+\frac{3}{3!}z^2+\cdots$$

$$=e^z$$

同様に，$(\sin z)'=\cos z, (\cos z)'=-\sin z$.

問2. $\dfrac{f(z)-f(\alpha)}{z-\alpha}=\dfrac{\{u(a, y)+iv(a, y)\}-\{u(a, b)+iv(a, b)\}}{(a+yi)-(a+bi)}$

$$=\frac{\{u(a, y)-u(a, b)\}+i\{v(a, y)-v(a, b)\}}{i(y-b)}$$

$$=\frac{v(a, y)-v(a, b)}{y-b}-i\frac{u(a, y)-u(a, b)}{y-b}$$

ここで $y\longrightarrow b$ とすれば

$$f'(\alpha)=\frac{\partial v}{\partial y}(a, b)-i\frac{\partial u}{\partial y}(a, b).$$

問3. $e^z=e^x(\cos y+i\sin y)=u(x, y)+iv(x, y)$

とおくと，

$$u(x, y)=e^x\cos y, v(x, y)=e^x\sin y.$$

故に，

$$\frac{\partial u}{\partial x}=e^x\cos y=\frac{\partial u}{\partial y},$$

$$\frac{\partial v}{\partial x}=e^x\sin y=-\frac{\partial u}{\partial y}.$$

問4. $\dfrac{\partial u}{\partial x}=\dfrac{\partial v}{\partial y}$ の両辺を，それぞれ x, y で偏微分すると，

$$\frac{\partial^2 u}{\partial x^2}=\frac{\partial^2 v}{\partial x\partial y} \quad \cdots(1)$$

$$\frac{\partial^2 u}{\partial x\partial y}=\frac{\partial^2 v}{\partial y^2} \quad \cdots(2)$$

また，$\dfrac{\partial v}{\partial x}=-\dfrac{\partial u}{\partial y}$ の両辺を，それぞれ x, y で偏微分すると，

$$\frac{\partial^2 v}{\partial x^2}=-\frac{\partial^2 u}{\partial x \partial y} \qquad \cdots(3)$$

$$\frac{\partial^2 v}{\partial x \partial y}=-\frac{\partial^2 u}{\partial y^2} \qquad \cdots(4)$$

(1)と(4)を加えると,

$$\frac{\partial^2 u}{\partial x^2}+\frac{\partial^2 u}{\partial y^2}=0.$$

(3)から(2)を引くと,

$$\frac{\partial^2 v}{\partial x^2}+\frac{\partial^2 v}{\partial y^2}=0.$$

問5. $\boldsymbol{D}$ の点 $z=re^{i\theta}$ に対し, $\boldsymbol{C}$ の点

$$h(z)=\frac{r}{1-r}e^{i\theta}$$

を対応させる対応 $h: \boldsymbol{D} \longrightarrow \boldsymbol{C}$ は, $\boldsymbol{D}$ から $\boldsymbol{C}$ への同相写像である. (しかし, 解析的写像ではない.)

問6. z が上半平面 $\boldsymbol{H}$ の点である時,

$$w=\frac{z-i}{z+i}=\frac{i-z}{(-i)-z}$$

の絶対値は

$$|w|=\frac{|i-z|}{|(-i)-z|}$$

故, 図B-12より, $|w|<1$ となり, w は単位円板 $\boldsymbol{D}$ の点である.

逆に, $|w|<1$ の時, 逆に解いて

$$z=\frac{-iw-i}{w-1}=\frac{(-i)((-1)-w)}{1-w}$$

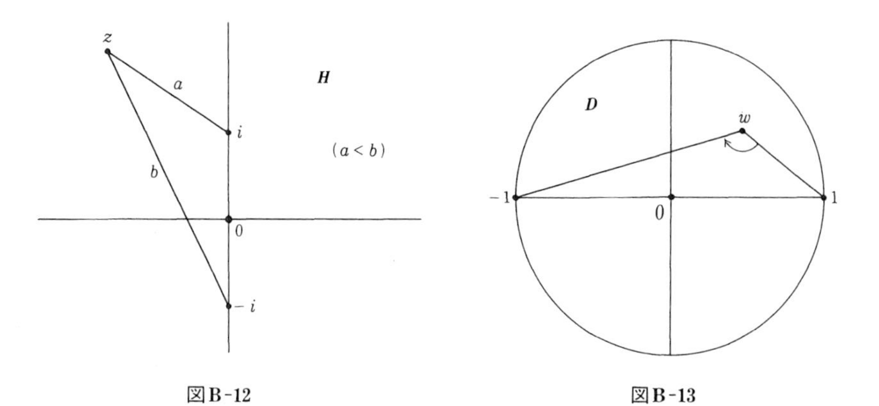

図B-12　　図B-13

と書く時,

$$z' = \frac{(-1)-w}{1-w}$$

の偏角は，図B-13より，

$$90° < \arg(z') < 270°$$

をみたす．故に，$z=(-i)z$ の偏角は

$$0° < \arg(z) < 180°$$

をみたし，z は上半平面 $\boldsymbol{H}$ の点である．

12.

問1．$w \neq 0$ なる所で ω が正則でゼロにならない事は，あきらかである．$w=0$，例えば $p=(1,0)$ の回りでの ω を調べよう．p の回りの座標系として，w がとれる．そして，$z=z(w)$ は，$w=0$ の近傍で，w の正則関数である．(§11参照．) この時，

$$w^2 = z(z-1)(z-\lambda) = z^3-(\lambda+1)z^2+\lambda z \qquad \cdots(1)$$

の両辺を微分して

$$2wdw = (3z^2-(2\lambda+2)z+\lambda)dz.$$

を得るので

$$\omega = \frac{dz}{w} = \frac{dw}{3z^2-2(\lambda+1)z+\lambda}$$

と書ける．ここで，$z=1$ とすると，右辺の分母は λ となり，ゼロでない．故に，$p=(1,0)$ の近傍で，ω は正則でゼロにならない．

$(z,w)=(0,0)$，$(\lambda,0)$ の近傍でも，同様の議論で，ω は正則でゼロにならない事がわかる．

無限遠点 $(Z_1 : Z_2 : Z_3)=(0:1:0)$　（ただし，$z=Z_1/Z_3$，$w=Z_2/Z_3$）の近傍では，

$$t = Z_1/Z_2 = z/w$$

が座標系にとれる．(§11参照) $s=Z_3/Z_2=1/w$ とおけば，$(Z_1 : Z_2 : Z_3)=(0:1:0)$ は，$(s,t)=(0,0)$ である．

(1)　を w^3 で割って書きかえると

$$s = t^3-(\lambda+1)t^2s+\lambda ts^2 \qquad \cdots(2)$$

今，

$$g(s,t) = s-t^3+(\lambda+1)t^2s-\lambda ts^2$$

とおけば，$\dfrac{\partial g}{\partial s}(0,0)=1$ 故，陰関数定理より，$(s,t)=(0,0)$ の近傍で，曲線 $g(s,t)=$

0 は，$s=s(t)$ と，（s が t の正則関数で）解ける．

さて，(2)の両辺を微分すれば，

$$ds=3t^2dt-(\lambda+1)t^2ds-2(\lambda+1)tsdt+2\lambda tsds+\lambda s^2dt,$$

すなわち

$$(1+(\lambda+1)t^2-2\lambda ts)ds=(3t^2-2(\lambda+1)ts+\lambda s^2)dt \qquad \cdots(3)$$

さて，(3)を用いると，

$$\omega=\frac{dz}{w}=sd\left(\frac{t}{s}\right)=-t\frac{ds}{s}+dt=\left\{\frac{-3t^3s^{-1}+2(\lambda+1)t^2-\lambda st}{1+(\lambda+1)t^2-2\lambda ts}+1\right\}dt$$

ところが，(2)より

$$\frac{t^3}{s}=1+(\lambda+1)t^2-\lambda ts$$

故，代入すると

$$\omega=\frac{-2}{1+(\lambda+1)t^2-2\lambda ts}dt$$

ここで，$s=0$，$t=0$ とおくと，右辺の分母は，1 となる．故に，ω は $(s,t)=(0,0)$ の回りで正則でゼロにならない．

文　　献

[1] A.L. Edmonds, R.S. Kulkarni and R.E. Stong; *Realizability of branched coverings of surfaces*, Trans. Amer. M.S., **282** (1984), 773-790.

[2] 藤原松三郎；代数学，内田老鶴圃，昭和4年.

[3] W. Fulton; *Algebraic Curves*, Benjamin, 1969.

[4] S. Gersten; On branched covers of the 2-sphere by the 2-sphere, Proc. Amer. M.S. **101** (1987), 761-766.

[5] H. ホックシタット（岡崎　誠，大槻義彦訳）；特殊関数，培風館，1974.

[6] A. Hurwitz; *Ueber Riemann'sche Flachen mit gegebener Verzweigungspunkten*, Math. Ann. **39** (1891), 1-61.

[7] 飯高　茂；代数幾何学，岩波，1977.

[8] 岩堀長慶；合同変換群の話，現代数学社，1974.

[9] 岩沢健吉；代数函数論，岩波，1951.

[10] 加藤十吉；トポロジー，サイエンス社，1975.

[11] 河井壮一；代数幾何学，培風館，1977.

[12] 小泉恵子；超幾何微分方程式から生ずる多価関数，東北大学修士論文，1988.

[13] M. Namba; *Geometry of Projective Algebraic curves*, Marcel Dekker, 1984.

[14] 黄　双虎；平面五次曲線的研究，東京大学修士論文，1980.

[15] 高木貞治；初等整数論講義，共立，昭和6年.

[16] 高木貞治；代数学講義，共立，昭和23年.

[17] 高木貞治；解析概論，岩波，昭和13年.

[18] 田中昭二，大山茂夫；超伝導の衝撃，朝日ブックレット，**90**，1988.

[19] R. Walker; *Algebraic Curves*, Dover, 1962.

[20] 山下純一；ガロアへのレクイエム，現代数学社，1986.

[21] 吉田洋一；函数論，岩波，1965.

[22] F.クライン（関口次郎訳）；正20面体と5次方程式，シュプリンガー東京，1997.

[23] 佐武一郎；線型代数学，裳華房，1980.

[24] M.Namba；*Branched coverings and algebraic functions*，Longman，1987.

[25] 難波誠；群と幾何学，現代数学社，1997.

索　　引

MEMO

MEMO

（著者紹介）

難波　誠（なんば・まこと）

1943年 山形県生れ　東北大卒

理学博士　Ph. D.

現在　大阪大学名誉教授

著書　・灘先生の線形代数講義（1987），群と幾何学（1997），平面図形の幾何学（2008），現代数学社

・複素関数 三幕劇（1990），朝倉書店

・数学シリーズ・微分積分学（1996），裳華房

・Geometry of projective algebraic curves, Marcel Dekker, 1984

・Branched coverings and algebraic functions, Longman, 1987

他．

改訂新版 **代数曲線の幾何学**

2018年 4月 20日　　初版1刷発行

検印省略

著　者　　難波　誠
発行者　　富田　淳
発行所　　株式会社　現代数学社
〒606-8425 京都市左京区鹿ヶ谷西寺ノ前町1
TEL 075 (751) 0727　FAX 075 (744) 0906
http://www.gensu.co.jp/

印刷・製本　　亜細亜印刷株式会社

ISBN 978-4-7687-0485-1